Hong Kong Park

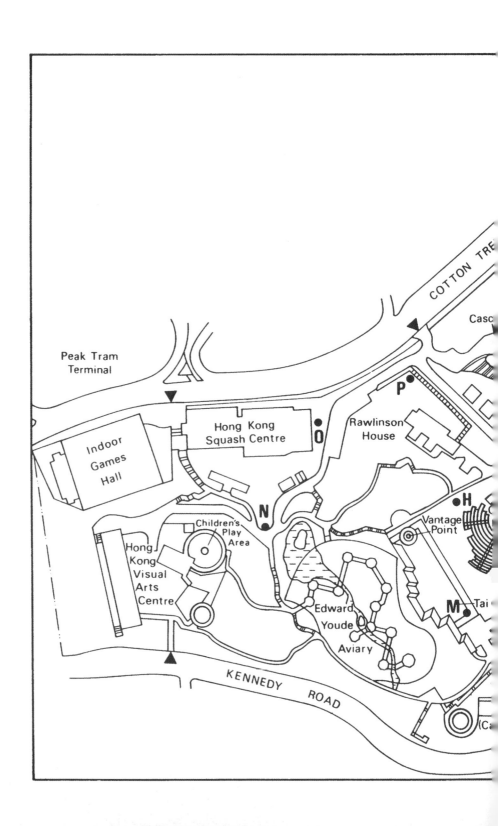

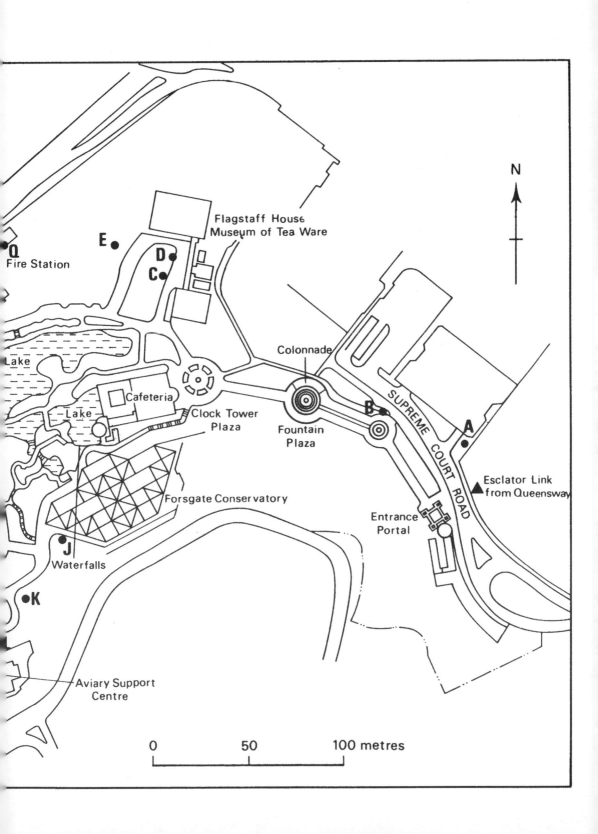

N

Flagstaff House
Museum of Tea Ware

Q
Fire Station

E

D
C

Colonnade

Lake

Cafeteria

Lake

Clock Tower
Plaza

B

SUPREME COURT ROAD

A

Fountain
Plaza

Esclator Link
from Queensway

Forsgate Conservatory

J
Waterfalls

Entrance
Portal

K

Aviary Support
Centre

0   50   100 metres

香港園林史稿
A HISTORY OF HONGKONG GARDENS

朱鈞珍 著

目錄

前言

　　香港園林的歷史，從現有史料來看，最早見於 20 世紀個別的私園、書院、祠堂的庭院裏，除有些許盆景、花木的點綴外，並無完整的園林出現。從 21 世紀初出版的《香港寺觀園林景觀》一書內，可以看到多處規模較大的寺觀中有相應的園林，而從香港全境來看，就所謂園林的歷史而言，還只是從無到有的開端。

　　三十多年前的 1985 年 12 月，我來到香港，那正是香港被譽為"亞洲四小龍"之一的時刻。雖然我來自國都北京，但是，由於大陸有較長時期的閉關鎖國的情況，我一踏進香港這塊土地，就明顯地感到香港園林有一種清新、美麗、自由的現代化的新鮮感。它驅動着我在一兩個月內跑遍了近千個大大小小的公園和遊樂場，最後編寫了一本《香港園林》的畫冊由香港三聯書店出版。一時間這書被一些報紙譽為香港園林研究的拓荒之作。這為我研究香港園林開墾出一片小園地。

　　由於專業熱誠的驅使，我不斷地在香港的園林裏踏勘、調研，逐漸拍攝了數以千計的照片。之後，應園林界朋友之約，於 1987 至 1997 年香港回歸祖國的前幾年，在開封、廣州、杭州、蘇州、無錫、北京等幾個城市舉辦了七次"香港園林圖片展覽"，甚獲好評。尤其使我感到欣喜的是一向以中國傳統園林稱譽海內外的蘇州，似已感覺到香港有着迥異於中國傳統園林藝術的新鮮感。香港園林那不拘一格的創意與自由靈活又實用的風格，像一股清風吹進了一向以優雅、寧靜的文脈取勝和細緻、精湛的古典私園的風韻之中，使他們深有感觸。蘇州市園林學會對此次展覽還特地贈以"美學大成"的橫幅，也令我深受激勵。

2012 年秋，我有幸見到時任香港三聯書店總編輯侯明，她向我提到《香港園林》已經出版二十多年了，而香港的園林近些年來發展很多、很快，可否再版？這使我在回顧該書的後記時再次讀到："總覺得有些意猶未盡，主要是對香港園林的歷史發展、特色與風格的形成等理論問題，尚未作進一步探討。"前年，我在整理資料時，偶然找到了我的老師汪菊淵先生於 1987 年 8 月為我《香港園林》一書寫的序稿。這篇稿是因為未能及時趕在《香港園林》出版之前收到而留存下來的。重讀恩師遺言，他早已期望我："更上一層樓，盡快寫出系統的香港地區園林史，以填補中國近現代園林史有關香港園林的空白。"時隔 19 年，我應香港三聯書店之約，編寫再版的《香港園林》。時移勢易，乃與侯明女士商量可否讓我滿足吾師汪菊淵先生之遺願，將書改編為《香港園林史稿》？侯總欣然同意。於是，此書的編寫就定下來了，仍以汪師之舊序為序，實乃因緣巧合，以慰恩師在天之靈矣。

　　"園林"一詞，世界各國以及本行業的各地專家都有不同的理解，香港與內地也有所不同。以香港面積最多的郊野公園來說，屬漁農署管轄，為自然保護區，不應列入園林一類，而在內

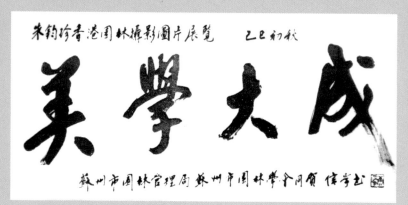

※ 一九八九年蘇州園林學會的贈匾

地則大自然的風景區也是與園林同屬一個學科範圍內。為了尊重香港的認識與制度，本書並不涉及郊野公園的總體，並且就中國傳統園林的理解作了一點說明與探討。這純屬筆者個人的理論研究，並含在"緒言"中詳述，敬祈專家、讀者批評指正為感。

此外，還要說明一點，在編寫《香港園林史稿》中，當我們再去私園調研時，也遇到了一些困難，如在港島太平山頂的何東花園，已由業主出售，園林中的寶塔、粉牆等等，都已拆除，而且全園正處於施工當中，幾乎已完全不見園林的蹤影；而位於荃灣的龍圃，則因傳說主人不欲將私人的文物設施，如墓葬及建築物內的楹聯、畫幅等公之於眾，不許拍照，所以無法將全園的文化意境於書中呈現，這是引以為憾的。

朱鈞珍於香港映灣園

2018 年

《香港園林》序

　　香港地區，彈丸之地，人口密度之稠，高層建築之密，土地寸金之貴，全球名列前茅，而欲營地以建苑囿，難矣哉！雖有成園，無非草坪、樹叢、花壇而已，又何足道哉！若非身臨其境，莫不謬以千里。朱鈞珍女士蒞港伊始，訪尋大小園林，踏遍港九新界，兼及澳門，辛勞經歲，著成斯書。讀後深感香港園林，內容上自有其特殊類型，形式上自有其獨特風格。如彭福公園，賽馬場中闢園林，而湖池、噴泉、小橋、流水、草坪、花木、灌叢之造景，皆具有自然情趣。維多利亞公園，填海造陸以建園，雖運動場地佔半，但園林部分，從總體規劃到草坪、樹叢，以及涼亭、花架式樣，莫不具有英國園林特點。九龍壁花園，由水池龍壁、假山疊石、平台園亭，垂柳孝順竹等園景組成，明顯具有中國山水園林傳統特色。動植物公園，除植物園、哺乳類動物、雀鳥區外，尚有噴泉區和兒童遊戲場。噴泉區以大型噴泉為中心，噴水式樣有蒲公英型、湧泉型、薄膜式倒標狀等多種，尤具特色。遮打花園，面積不大，周以樹帶、隔鬧取靜；東部北部有三級疊泉水池，一湧、二流、三入長池，池中噴泉成群；西南部為鋪地園，東南部為茂密的樹林，林中有曲徑。全園設計精巧，是香港園林中近年佳作。海洋公園位於地勢高、佈滿岩石半島上，以觀賞海洋生物為主，建有設備先進、世界水平海洋水族館，以及海濤館、海洋劇場等。山上隨形依勢、築路植樹，疊石自然，山下建有不同內容和形式、自成格局的園中園，如金魚大觀園、瀑布花園、孔雀園、水上樂園、百鳥居等，還安置多種多樣機械遊樂設施。海洋公園是香港園林中規模最大（佔地 $88hm^2$），觀賞海洋生物為主，兼具遊覽、康樂、普及科學知識的現代公園。

園林類型中，尤其值得重視的是 1960 年代下半葉闢建的郊野公園和保護區，充分利用山嶺、水塘、叢林、海濱、洲嶼、崖壁，以自然景物為主，稍加人工處理，供遠足、登山、露營、野餐燒烤、游泳、打球等多樣活動場地，最具特色的是寓康樂、遊覽、教育於一的“徑”，如遠足徑、自然教育徑、家樂徑、運動健身徑等，是適合香港人需要、內容豐富、具有創新特色的“途徑”。

香港的屋邨園林，特別是公共屋邨，居住屋邨的公共花園、宅間花園、平台花園等，咸具特色。公共花園的性質與公園相彷彿，有運動場地與遊憩園地。宅間花園、面積較前者略小，因四周俱是建築，內容比較單一，或以水池噴泉為主，或以草坪花壇為主。平台花園亦稱屋頂花園。一般屋邨有數以十計的平台花園，大型屋邨，往往用走廊天橋聯繫起來，構成十分壯觀的平台花園群。平台花園的內容隨需要設計，有以水池雕塑相結合為主景，有以亭廊建築為主，有以假山流泉為主，有以花壇草坪為主，有以球場、游泳池為主，有的為專用兒童遊戲場。

綜觀以上簡略舉例，不難得出香港園林有其歷史的、地理的淵源，吸收他國園林藝術優秀傳統和現代工程技術，綜合香港社會、文化生活需要，特定內容要求，逐步形成具有香港地區風格的現代園林。特別是在隨形就勢，造景自然的佈局上，理水技巧噴泉式樣上，高層建築的平台花園、郊野公園的新形式上，咸具特色，值得借鑑。當然，香港園林地區風格的完成，尚有待香港園林界人士進一步努力。

本篇雖名曰序，實為讀後感，愚者一得，以饗讀者。同時，寄希望於本書作者，更上一層樓，盡快寫出系統的香港地區園林史，以填補中國近現代園林史有關香港園林的空白。

汪菊淵

1987 年 8 月

緒言

香港在英國人管治下達 150 餘年，按照英國的概念與制度統計，香港的郊野面積為全港總面積 1,108km^2 的 3/4，而其中郊野公園的面積也有 44,300hm^2，約佔郊野的 40%。這些郊野公園主要是屬於自然的保護區，而不屬於城市園林的範圍。因此，本書的內容基本上不涉及郊野公園部分，但從全港的綠地系統來看，郊野公園則是香港全境綠色生態系統中的重要組成部分，尤其是其中的"徑路"用地與設施，應包含在城市康樂系統之內。從香港政府對綠化與園林的構思與管理來看，也與內地存在專業概念的差異，故筆者在這裏略作說明，希望能在專業概念和認識上，得到大家的理解，明白其中差異。

● 何謂園林？

不同的時代，不同的國家，乃至不同的地區或個人都可能對 "園林" 一詞有不同的認識與解釋。在中國古代將園林稱為 "園圃"，認為種植花木之地為園，圈養禽獸之處為圃，"棄田以為園圃" 似乎一開始就把園圃看成休息、遊賞之所。

以後的歷朝歷代都有不同形式的園林沿襲下來，而且有園林、山池、庭園、宮苑、苑台等等名稱出現。直至近世，由於學科的建立，仍然在稱謂上爭論不休，但歸納起來，大體上有三種：

一曰園林。這似乎是大多數人的稱謂，這在園林界的老前輩汪菊淵院士首編的《中國大百科全書》園林卷中已得到肯定，認為 "園林是以一定的地域或運用工程技術和藝術手段，通過改造地形（或進一步築山、疊石、理水）種植樹木花草、營造建築和佈置園路等途徑作成的美的環境和休憩境域"。

二曰造園。園林界的老前輩、留學日本學林業的老前輩陳植先生曾著《造園學概論》一書，極力推崇林業專家鄭達文先生的觀點："造園係以土地經過一種美的處理而能達到真善美的環境，成為一個風景美麗的園圃，使人能得實用與享樂兼有的環境。" 他又引用日人永見健一之語，"造園乃於蒼天之下、大地之上，應用一切材料與人類之修飾加工創新的第二自然"。

三曰景觀。這是 21 世紀一批留學國外的園林學者所提出並以之作為園林學科設置名稱，但這一觀點也引發出一場相當激烈的爭論，有學者更以史學的角度將環境史、景觀史及園林史三者進行比較研究。無疑，這對園林學研究引向更新、更深、更廣的層次，都是十分重要和有益的。

另外，還有一種稱謂——"綠地"（名詞）或 "綠化"（動名詞），也都是在園林領域中常用的。據《香港規劃標準與準則》的定義，"綠化用地" 的主要功能是保育自然環境、美化市容及改善景觀。我認為，綠地就是以各種自然物——以樹木花草為主的植物生態環境，故往往與園林連在一起應用，美麗的綠地也就是園林。

總之，這些名詞的討論歸根結底還是應回到"園林是甚麼"這個根本的問題上。還有，"中國的傳統園林"又是怎樣理解？本人從事園林工作 70 年，從 1949 年以來的中國園林工作多少也參加了一些，在咀嚼了一生之後，終於得出來一個觀念："中國的傳統園林就是人造的自然。"它具有自然與人文兩方面的內容，而其基本體系則是"自然"。它源於自然而又高於自然，它又是一種綜合性極高、應用極廣的藝術形式，並具有精神與物質兩方面的作用，是保持人民優良生活不可缺少的一種環境藝術。今以下表說明：

表 0-1　中國傳統園林——人造的自然

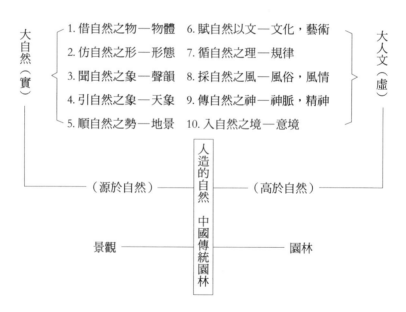

香港園林的名稱，大體上分為園（公園、花園、小園等）、場（遊樂場）、地（小園地）、處（休憩處、迴旋處、眺望處等）、

台（觀景台）等，這些遊賞、休息之地均屬康樂與文化署管轄，但郊野公園名為公園，實則主要是自然保護區，則屬漁農署管轄。而有個別的名為遊樂場，實則僅有一個籃球場而已，而最明顯的區別是香港是將健康運動與觀賞娛樂結合並稱為"康樂"，而內地則是只將遊賞、休憩歸屬園林部門，而一切大的健身運動場均不屬園林範圍。故本書論及的範圍可以下表名之：

表 0-2　香港園林的名稱

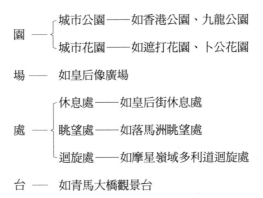

園 ——┌ 城市公園——如香港公園、九龍公園
　　　└ 城市花園——如遮打花園、卜公花園

場 ——　如皇后像廣場

處 ——┌ 休息處——如皇后街休息處
　　　├ 眺望處——如落馬洲眺望處
　　　└ 迴旋處——如摩星嶺域多利道迴旋處

台 ——　如青馬大橋觀景台

地 ——　如司徒拔道小園地

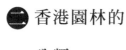

● 香港園林的 分類

香港園林由於其自然環境的地理和社會歷史的特殊情況，具有極為豐富、獨特而美麗的形態。從學科的角度看，以公園命名的香港郊野公園、地質公園乃至濕地公園等等，與一般城市公園性質有所不同，是屬於自然保護學的範圍，但從人們的休閒、旅遊、健身、文化學習等方面來看，則與園林是相似的，因此，本書的內容雖不涉及到自然保護學科，但在分類上則是從市民利用的角度上，現全部整理如下表（表 0-3）。

在這個表中有兩點必須說明：一是在所謂屬自然保護的郊野公園內，亦有用人工建設的必需設施，如指示牌、路面設施、自然景觀的指引，甚至有少量的古建築、古道等等，還可能有特意開拓的大自然景觀及其相關的亭榭觀景台等等。二是線性景觀的產生，香港的自然保護公園中常以徑路的形式作為遠足、健身學習及觀賞之用，其品類之豐勝過許多大城市，故特別提取為一大類，並分節記述。

總體上可分為四大類：一是港九市區的公園；二是港九市區的公建附屬園林；三是香港的線性景觀；四是香港的郊野公園及自然保護區。

表 0-3　香港園林及自然保護區分類一覧表

I 港九市區公園

（一）香港地標性公園	九龍公園	
	香港公園	
（二）英殖時期代表性公園	動植物公園 —— 香港第一個公園	
	維多利亞公園	
（三）香港的主題公園	宋城和荔園	
	海洋公園	1977 年啟用
	迪士尼公園	2005 年啟用
	馬灣公園	
（四）香港紀念公園	英皇佐治五世紀念公園	
	宋王臺公園	
	文天祥公園	
	市政局百周年紀念花園	
	孫中山紀念花園	上環孫中山紀念公園
		屯門紅樓中山公園
		香港大學孫中山塑像園
		港島孫中山史蹟徑
	大埔香港回歸紀念塔公園	
	抗日戰爭紀念碑	1. 西貢
		2. 烏蛟騰

（五）香港特色公園	香港卑路乍灣公園（海洋航海設備）	
	馬鞍山公園（舊石礦遺址設備）	
	兒童公園	鳳德公園（西遊記主題小園林）
		京士柏兒童遊樂場（探月球之旅）
		月盛街兒童遊樂場（綜合性器具）
		沙田史諾比遊樂場（美國童話）
	園圃街雀鳥花園	
	寵物（狗）公園	深水埗蝴蝶谷道寵物公園
		荔枝角雨水排放隧道上蓋的寵物公園
		東涌北寵物公園
	石鼓洲禁毒博物公園	
	單車公園、天文公園	柴灣、龍趣、石硤尾、通州
	各行政區代表性大公園	沙田中央公園、屯門公園、元朗公園等
（六）其他	遍佈於全市的小公園	1. 1hm² 以上的小公園（藥圃）
		2. 1hm² 以下小園地（將軍澳）

Ⅱ 港九市區公建附屬園林

（一）屋邨園林	大型屋邨中心公園 —— 匯景花園，天水圍
	平台花園 —— 太古城
	宅旁庭院（別墅式）—— 錦繡花園
	新型屋邨園林群 —— 東涌屋邨系列園林

（二）寺觀園林	志蓮淨苑
	西方寺園林
	嗇色園的兩個小園林
	香港的世外桃源 —— 萬德苑
（三）校園	香港科技大學校園
	香港中文大學校園
（四）公共空間	迪士尼樂園酒店園林
	淺水灣
	中環中心園林
	大嶼山醫院園林

III 香港線性景觀（徑路）

（一）遠足徑	1. 港島徑
	2. 麥理浩徑
	3. 鳳凰徑
	4. 衛奕信徑
（二）健身徑	1. 健康步道
	2. 緩跑徑
	3. 運動器械系列徑（如維力徑）
	4. 單車徑
	5. 奧運徑
	6. 山頂盧吉棧道徑
（三）教育徑	1. 自然教育徑
	2. 樹木研習徑
	3. 各區文物徑
	4. 南區文學徑
	5. 孫中山史蹟徑

（四）遊賞徑	1. 家樂徑	
	2. 輪椅徑	
	3. 紫羅蘭徑	
	4. 環山徑	
	5. 環水（塘徑）	
	6. 均衡定向徑	甲龍林徑
	7. 自然郊野徑	東坪洲自然郊野徑
		東涌 —— 梅窩遊賞徑
（五）海濱公園（長廊）	1. 中環海濱公園	
	2. 觀塘海濱公園	
	3. 香港仔海濱公園	
	4. 荃灣海濱公園	
	5. 大埔海濱公園	
	6. 赤柱海濱公共空間	
（六）藝術徑		
（七）古蹟		
（八）其他	中環人行爬山電梯徑	
	中環人形天橋藝術柱廊	

IV 香港郊野公園及自然保護區

（一）郊野公園	1. 城門郊野公園	2. 金山郊野公園
	3. 獅子山郊野公園	4. 香港仔郊野公園
	5. 船灣郊野公園	6. 西貢東郊野公園
	7. 西貢西郊野公園	8. 南大嶼山郊野公園
	9. 北大嶼山郊野公園	10. 八仙嶺郊野公園
	11. 大欖郊野公園	12. 大帽山郊野公園
	13. 林村郊野公園	14. 馬鞍山郊野公園
	15. 橋咀郊野公園	16. 石澳郊野公園
	17. 薄扶林郊野公園	18. 大澳郊野公園
	19. 清水灣郊野公園	20. 龍虎山郊野公園
（二）香港濕地公園		
（三）香港地質公園	西貢國家地質公園	
（四）海岸公園	1. 海下灣郊野公園	
	2. 印塘洲	
	3. 東平洲	
	4. 沙洲及龍鼓洲	
（五）特別保護區（部分）	1. 米埔（鳥類）自然保護區	2. 大埔滘自然保護區
	3. 鶴咀海洋保護區	4. 城門風水林
	5. 大帽山高地灌木林	6. 東龍洲炮台保護區
	7. 吉澳保護區	8. 北大刀屻
	9. 八仙嶺	10. 大東山
	11. 薄扶林	12. 馬鞍山
	13. 照鏡潭	14. 梧桐寨
	15. 鳳凰山	

(三) 香港園林綠地的特色

香港的綠地與市區用地佈局犬牙交錯，相距近，居住區域多有綠地環境。香港全境土地面積 1,108km²，主要由香港島、九龍半島及其腹地、新界地區和周圍 200 多個大大小小的離島四個部分組成。其中分佈於各部分的郊野公園總面積約佔 3/4。這些地區群山疊翠、岩石奇特、草木豐盛，各種生物種類繁茂。每年來郊野公園遠足、健身、休閒娛樂的人數都超過千萬人。香港的平地少，房屋密集，為全球人口密度最高的地區之一，但是郊野公園面積大，而且與居住密集的地區近，有些地方只需步行五六分鐘即可到達，一向被稱為"石屎森林"的建築群，常常是處在鬱鬱蔥蔥的自然森林的包圍中。如此多的綠地，充分發揮了它造氧氣，吸收二氧化碳及有害氣體，吸收灰塵，保持水土及防風等諸多生態效應的優點，因而在香港如此人口高度密集的城市，其人口平均壽命居然能列於全球之冠（男性為 81.24 歲，女性為 87.32 歲）。綠色多而接近居民，或是原因之一。而從香港全部市區的小公園（多在 1hm² 以下）的分佈與數量來看（見附錄），大大小小的公園星羅棋佈，公園綠地的新鮮空氣加速了人體微血管清潔的循環，給市民提供了一個健康的生活環境。

香港政府對市民的體育運動特別重視，凡是公園，必相應地增加運動設備。據相關資料規定，香港凡具一定規模的公園，都須有 25% 的運動用地。同時，運動的項目十分全面而繁多，僅球類一項就有籃球、排球、乒乓球、台球、壁球、手球、足球、網球、羽毛球、曲棍球等近 20 種之多，游泳池也很多。中國傳統園林如蘇州的私園則是建築物均佔全園的 30%，與香港園林形成強烈的對比。這也是香港園林最明顯的一個特色。例如有的小園地，僅僅是一個排球場，沒有其他設施，亦稱之為遊樂場，足見香港人對於日常運動的重視。這種將休閒與民眾日常運動結合

※ 香港郊野公園分佈示意圖

　　的方式，應是英人留下來的一個好傳統。有的運動場項目已逐漸泠落，但仍然繼續得以保傳下來。

　　例如香港木球會，從 1851 年 6 月成立至今存在 160 多年了，雖然會址幾經易地易主，但木球運動依然保存，成為香港最早也最久開闢體育活動的歷史見證。

　　木球會的最早會址在今中環遮打花園處，在 1935 年加入了人工草地的滾球場，滾球場又屬於香港遊艇會，而此時的遊艇會搬遷到

※ 香港木球場

※ 原木球場舉行的閱兵式

奇力島，於是香港木球場於 1970 年代遷到了黃泥涌峽道，至今延續開放。

　　其次由於香港全境屬海島及半島形式，海域面積約 1,650km^2，大約佔全港總面積的 60%，靠近大海的海岸線長達 800km，還不包括境內島嶼的小海岸線；而龐大的郊野公園與自然保護區，一般也只能以路的形式引導入內觀賞或作遠足指引，故香港自然風景區的利用，就自然地出現了名目繁多、性質不同的徑路景觀。這種徑路需要相應的人為設施，也是保護大自然的需要，有了路徑的規範，就可避免無序遊覽和對園地的踐踏破壞，因而產生了香港突出的一種線性遊賞方式。我稱之為 "線性景觀"。其中當然也包括開闢這種線性設計中的對景與借景的方法在內，而且不同的環境（主要指地緣環境或歷史文物的所在），就產生不同性質與設施的徑路，應該說，這也是香港遊賞的一個突出特色。香港平地少，一些邊角空地就成為設置城市園林的最適合地點，故香港的小型園林多也是其中一個特徵。

　　在近代，西方流傳着一種認識："中國是世界園林之母。" 不少專家對此話曾有不同的解釋，但中國園林自周文王的囿開始至今已有 3,000 年的歷史，早已具有自己獨特的中國傳統園林藝術門類，足以與歐美的園林藝術相媲美。香港處在東西方文化交融點近 200 年，是一個國際性的大都會，在形象演變與科學進步的文明進程中，香港園林就自然而然地產生了一種 "既中又西" 的中西合璧的園林風格。這種風格幾乎遍及全港。

第一章 —————— 香港早期的
園林綠化概況

1840 年 6 月，中英爆發鴉片戰爭，軟弱的清政府被打敗，於 1842 年 8 月 29 日簽訂了喪權辱國的《南京條約》。根據條約，香港島被割讓給英國。1843 年 6 月 26 日，香港政府正式成立。首任港督砵甸乍（Herry Pottinger）來港後，使香港成為英商鴉片貿易的主要中途站，直到 1907 年第 14 任港督盧押（Fredrick Lugard）抵港後才將香港所有的鴉片封閉並禁止入口。故在此之前，香港一直都是浸透着鴉片貿易罪惡的殖民地小市鎮，談不上有什麼園林的市政設施，而當時的城市生態又是怎樣的呢？

　　1843 年 7 月英國的一位植物學家羅伯特・法欽（Robert Forture）代表英國皇家園藝學會來香港採集植物標本。據他講，那時香港的美麗花卉，幾乎都生長在海拔 1,000-2,000m 的高山上，在較低的地方只能看到野玫瑰、紫羅蘭和一些野草。中國人欣賞的吊鐘花（Emkianthus），通常都是在春節前到高山上去採它的花蕾，回家放入水中，到春節時正好開花，可以維持半個多月。而在最高的山頂，從夏季到秋季都滿開着紫色的竹蘭（Arundina Chinensis）、黃金風蘭等，在海島上樹木也很少，無人管理，生長不良，極少見到松樹，但烏桕樹則多些，好像這裏的鄉土樹種最多的是榕樹和竹子。但是，在島上則有管理得很好的果園，其中有芒果、荔枝、龍眼，以及柑橘類的香欒、柚子等。總體來看，九龍的植被較好，土生灌木也多，而港島則顯得很荒涼。

21 世紀前香港園林發展概況

從 1842 年英國殖民者佔領香港，至 1941 年太平洋戰爭爆發，香港於聖誕日淪陷止，由英人管治，稱為戰前。其間，由港英政府所建的園林總計只有 19 處（參見表 1-1）。如果減去跑馬地這一運動場（馬場），則全港只有 18 處公園。如果再減去用於康樂的沙灘，則公園的用地總計僅有 50hm² 左右。但據政府於 1986 年提供的公園名錄統計（全部名錄見附錄），在 20 世紀 50、60 年代至 80 年代香港已有 200 個以上的公園，面積為 5,500 餘 hm²，為戰前公園的 100 倍以上，故這一段時間是香港公園發展的高峰期。不過，這時的公園，大多數是"見縫插綠"的小型公園，至 20 世紀末已達 1,400 餘個，而大的公園只有 22 個。

表 1-1　香港（港九市區）在戰前興建的園林

公園名稱	面積（m²）	公園名稱	面積（m²）
跑馬地運動場	105,200	深水灣	77,700
炮台里小園地	2,000	淺水灣	125,400
動植物公園	57,000	中灣	48,600
種植道公園	400	南灣	52,600
貝璐道休憩花園	400	雅息士道休憩花園	2,000
赤柱正灣	60,700	律倫街兒童遊樂場	7,100
龜背灣	14,400	中間道兒童遊樂場	4,100
石澳	64,700	覺士道兒童遊樂場	1,600
石澳後灣	24,300	多實街休憩花園	1,000
大浪灣	12,200	總計	556,200

● 香港早期的
遊樂場

隨着城市經濟的發展，有錢的商人逐步興建起供自己享樂的遊樂場。最早興建的是港商林景洲先生於港島黃泥涌道的客家村依山而建的樟園。因該處蚊蟲多，故遍植樟樹驅蚊而名。但該園環境清幽，陳設簡潔有序，花卉盆景，蔚然紛呈。主人很好客，每逢周末假日，增添桌椅，供客人來品茶吟詩，或作棋弈娛樂，也略收茶水錢，是為香港遊樂場之先聲。後來因來人太多，便改為正式開放，樟園主人也就乘勢在跑馬地覓地擴展，集資另建了第二個遊樂園——愉園。

愉園的面積較樟園大數倍，花木更多，而且建了一些中國傳統式的亭台樓閣，設有水池、假山，還栽植了西方的修剪綠蘺，又添置了其他的服務設施，如茶館、食肆、酒吧等，一度與廣州的東園、上海的張園並駕齊驅，成為當時盛行於中國南方的三大遊樂場。園內遊人經常滿座，以至於電車也都要在這裏設“愉園停靠站”。

愉園的拓展，雖比樟園為盛，但仍以遊賞為主，有人評論這裏是“遊有餘而樂則不足”。於是又有娛樂商人在西環興建了一個太白樓遊樂場，特意增添了旋轉木馬、風槍射擊，以及有獎猜謎等項目，並建了一個大水池，可以泛舟遊覽。此外，飲食服務也更加多樣化，招徠了更多的遊客。

隨着香港城市的發展，人口劇增，消閑的遊樂場仍然不敷應用。這時，有娛樂商人審時度勢，利用港島北角七姊妹道的填海地，在緊靠山邊的地段又開闢了一個遊樂場——名園。名園於1918年開業，10年後因更換主人兩度結業，到1929年又重新開業，並添置了更多的設備如滾軸溜冰場、跳舞場、單車場、粵劇場、兒童運動場、百鳥巢、唱書台、九曲橋、鞦韆、無線電插播台、燈謎以及乒乓球、足球、排球、羽毛球等等，遊樂內容十分豐富，而入場費仍維持2角不變。同年，上海聯華影業公司以月租 250 元租用名園，作為他們在香港拍攝影片的場所。1930 年他們又以之轉租予另一公司經營，再添置了八陣圖（即迷宮）、談情室（情侶）、麻雀座等等。此園位置濱海，交通方便，故生意更為火爆。

這一時期，香港的商紳利希慎，乃抓住時機，因勢利導，在銅鑼灣渣甸山公地獨資修建園林，在園中設劇場、遊藝場、泥人塑像等，取名曰利園。這時的利園，似已逐步發展到公共遊樂園的性質，也已將 "曲徑通幽"、"步移景異" 等傳統造園手法運用到園林中。利園的建成，致使早期的名園遊人大為減少，太白樓等遊樂場也隨之衰落，利園也成為香港早期遊樂園經營的黃金時代的典型。要到稍後的 20 世紀的初期，香港才比較正式地出現幾個獨具特色的私人園林，與這些遊樂場並行。

※ 20 世紀 40 年代維多利亞港

◆三◆ 香港的私園

由於香港在 19 世紀前還沒有建制設市，據有史可查的僅有四處規模較小的私園：

康健園：主人是李福林（1874—1952）。他是 1907 年加入同盟會的，抗戰時，任廣東遊擊隊總司令，1949 年移居香港，在大埔（十八咪半的地方）建康健園。此園面積較大，有花園、果園、農場，20 世紀 50、60 年代年宵時還出售桃花，並設有餐廳，可供遊覽。現在花園已毀，改為新建的一片平房別墅群。

余園：主人名余東旋，是馬來西亞華僑，也是贊助孫中山革命的富商。他於 1927 年移居香港，次年即在大埔的大尾篤建了一座意大利式的湖畔小鎮，名曰 "SIRMIO"，並建了一座仿哥德式建築，尖頂，三層高，紅磚，屋後有車房，還有電梯。1978 年拆卸後新修了大廈，改名鳳園。

松園仙館：在大埔頭附近，20 世紀下半葉建，佔地 18hm2，為大型遊樂區，內有酒樓設置。而在大埔還有一個 20 世紀 60 年代建的桃源洞，亦名桃源仙境，又名鑪峰學院，園內佈置雅致，洞內亦有天然的游泳池。

棲霞別墅：1920 年，港紳何東、劉鑄伯倡建。正門在圍牆的一隅，有題名。園內曲徑疏林，園庭籬落，風致嫣然。去門不遠，植米仔蘭數株，暗香襲人，殊覺韻逸，蓮社會所，即居其側。洋樓一楹，三間相並，二層樓頂，塑蓮花一朵，前有園池，韻曰 "八功德池"。

樓內奉無量壽佛，伴以香港佛學會全人所贈之聯曰：

> 大願無邊　哲超九界
> 實際履地　不染一生

西旁列椅桌，有如客屋，去樓之右數十米，另建洋樓一座，凡五六面，復繞以垣，門額隸書"鹿野苑"，附壁題"皆大歡喜"。樓前餘地闢為園林，間庭寂寂，無垠幽情，樓亦為建三層者，近中樓頂塑藏文"唵阿紇哩"四字，殿內"三寶佛殿"縱橫其廣高僅二丈，有隸書聯："鹿苑初中三秋菊燦，鷲峰一會百寶蓮成。"款著鹿若公弁師上人重興棲霞。

以上這些私園都位於新界，而在港九地區的私園，則多從一般的遊樂場性質，逐步發展為公共遊樂場，並逐漸地向公園過渡。其中，尤以棲霞別墅能達到"曲繞疏林，園庭籬落"的地步，而且更有匾額楹聯，增加了中國傳統園林的文化元素，但作為私園仍以接下來要介紹的四大名園較為典型。

四 香港的四大名園

早期的香港見不到有大戶人家的宅園，即使有一點，經過百年的滄桑巨變，早已被破壞殆盡。而現在香港的私園，如一些名人的園林，多是門禁森嚴不可入的私地，而一些別墅區如錦繡花園的庭園，面積不大，僅僅突出主人的個人愛好。從香港園林的發展歷史看，在近代尚存有四處稍具規模的私園，即大嶼山的悟園、港島東區的胡文虎花園、港島太平山頂的何東花園以及荃灣的李氏龍圃。四座園林，其中

※ 悟園內景

何東花園比較特殊，純屬私園，外人不可入內，其他三處私園都有開放過，能與民共享，堪稱香港的四大名園。茲分述如下：

1. 大嶼山悟園

悟園位於大嶼山鳳凰徑靠近萬丈布的一段山坳僻地，最初是香港富商吳氏於 1902 年遊大嶼山的龍仔（當時稱大奚山）時，欣見此處兩山對峙，山形奇特，地勢深邃，境域幽靜，倍加喜愛，因而在此購得百畝之地，營造園林，以度晚年。吳氏信佛，法號悟達，

※ 悟園之入口（上）、大門（下左）、小徑（下右）

是以"悟園"名之。同時，他又感慨於南宋末的帝昰、帝昺被逼南逃，曾來此大奚山避元人之追逐，北望伶仃，茫茫天水，人事興廢，不可復睹，而發思古之幽情，感宋帝之一眴，憬然有悟，故亦以"悟"字名園，此為其又一含義。

悟園於 1902 年籌建，歷時 5 年於 1906 年建成。因地處山坳，平地不廣，故建築之佈局不似中國常見的層層院落式，而是因地制宜，依地勢而築，高處建堂，曰知恩堂，二層有平台可眺望，迤邐而左，有齋有軒，如智慧居等。階除寬廣，可敬佛，可茗茶，屋宇之間，以廊相連，堂前栽種樹木花草，堂後為雞籠，竹林建築物亦無雕樑畫棟之裝飾，反映園主的樸實無華，以隱逸安樂，靜觀大自然以修身養性為悟的志趣。

由屋宇往前看，又集兩旁山谷底之流泉而設一大水池，池中設亭，有九曲橋通，其餘水面則種荷養魚，可賞荷葉田田、戲魚躍躍之近景，又可縱目遠眺，重巒疊翠，白鳥翔空，芳草青綠，霜樹秋紅，四時之景莫不相隨，故當時被稱為"香港最富東方色彩的園林"。除綜合山水建築之外，主人更特別地重視植物品種之薈集，將中國之名花異卉移來園中。現已移栽於園的有蘇州鄧尉鎮的梅花，天平山的竹類，洞庭山的枇杷，乃至雲南滇池的山茶花等。

另一可貴之處是他能繼承儒家先賢所倡導的"與民同樂"的優良傳統，他的園林是可以開放、任人入內遊賞的，茲以順德陳荊鴻先生所著《悟園記》錄之於下，以留史於後世。

※ 悟園瓷板畫

2. 太平山頂的何東花園

何東花園位於港島山頂道 75 號，是香港較具規模並有相當影響力的私人別墅花園之一，始建於 1927 年，原名 Ho Tung Garden。1938 年花園主人何東爵士的平妻（即與結髮妻子平等排列的妻子）張靜蓉女士去世，乃以何東的別名"曉生"及張靜蓉的法號"蓮覺"中各取一字，改花園名稱為"曉覺園"。

花園總佔地面積 18,580m²。其中的住宅大樓為 3,716m²，其餘 14,864m² 為庭園及雜用房等。經歷了 90 餘年的滄桑巨變，園中的建築物和大樹基本上仍保持原狀。2011 年政府經與何東後人共同商討，作為一級古蹟建築先保留一年。可惜，2015 年花園已被出售給私人。

香港在英治時代，山頂是不許華人居住的，山頂的建築物也是不許採用中國風格的。然而在何東花園裏居住的何東一家人，都是華人身份，花園主樓的屋頂也是中國琉璃瓦建築主體，而且採用中國古式的發捲門形式，或中西合璧的風格。何東為什麼能做到這一點？何東究竟是何許人？他是怎樣建起這座花園的呢？

何東，1862 年於香港出生，父親何仕文（C. H. Bosman）為荷蘭人，母親為華人，姓施。何東有一個同胞姐姐，還有多名同母異父的弟妹，但與生父沒有法律上的關係，所以後來與生父也沒有聯繫。何東只能與母親相依為命，並認同了自己英國屬土的華人身份。在當時，他的這種家世一般會受到歧視，不利於他的社會地位提升，但是何東則以勤奮努力、寒窗苦讀的精神，以營商為業，抓住時機，節節上升，最後終於登上了大買辦的高位，成為香港首富，也成為香港商業社會的一名大佬。何東也由此獲得了當時社會上極少有的華人爵士地位，1937 年還被當時的中華民國總統委任為名譽顧問。

張靜蓉是因為何東的原妻不能生育，而張靜蓉要求有體面地進入何家為妻，故稱"平妻"。她賢惠能幹，篤信佛教，熱心公益，早在 1934 年創立了 "東蓮覺苑"，捐出私產作基金。而在山頂的這所何東花園，後來就自然地成為她唸經靜修的壇所，及接待名人的處所。抗戰時，她還擔任過香港的中國慰勞會副主席，對抗日人士竭盡慰勞、協助之能事，只可惜她不幸於 1938 年就病逝於園中。

總之，何東夫婦二人都是富裕的社會活動家，他們四處奔波，熱心公益，廣交朋友，既贏得了社會人士的尊敬，也結交了一些中外名人朋友。在這座美輪美奐的花園裏就曾接待過一些中外政要人物，如孔祥熙、吳鐵城以及前美國總統布殊等人。以上這些就是何東之所以能打破港英政府歧視華人的規範而在山頂構建中國傳統風格豪華居所的經歷與緣由。這也提高了建築與花園的歷史文化價值。

但是，何東的成功並非一帆風順，何東的花園，也是多災多難的。在日寇入侵香港時，港英政府徵用花園作為防禦據點，在主樓頂層架起了兩門高射炮，日寇也開始了目標性的狂轟濫炸，主樓遭到嚴重的破壞。及至日佔時期，地板也被破壞，高級家具等也被偷走及毀壞，花園部分更是滿目瘡痍，一片廢墟。直到戰後，何東乃斥鉅資重整家園，才基本上恢復了花園舊貌。

何東花園是一座很典型的中西合璧的花園，主樓選址是中國傳統的風格，樓宇群依山而建，朝南視野開闊，位於山巒的懷抱之中，立於扯旗山頂。東北為歌賦山，西南為奇力山，正東為金馬倫山，正南面向維多利亞港，宅前為草坪，主樓東南側依山坡為梯田式，頗有 "種豆南山下，草盛豆花稀" 之韻味，宅後有網球場、車庫。

園內的其他設施，既有中國傳統式的亭橋欄杆、寶塔、洞穴；也有西式的噴泉、草坪、泳池、棚架。從主體建築細部看，既有西式的牆垣，又有中式的琉璃瓦頂，而入口的樓基本上是四柱三開間的中國傳統形式，左右的橫額上，著中文 "蔚霞"、"星輝"。正中橫額則為 "Ho Tung Gardens"，數字亦寫阿拉伯數字 "1938"。這

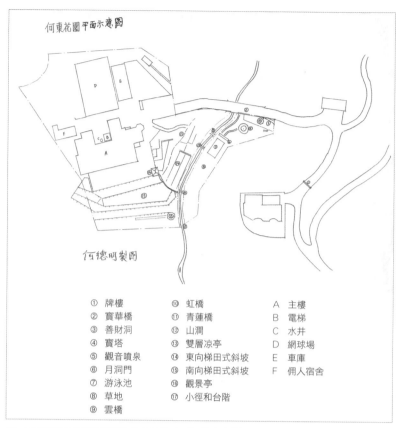

何東花園平面示意圖

何德明製圖

① 牌樓　　　⑩ 虹橋　　　A 主樓
② 寶華橋　　⑪ 青蓮橋　　B 電梯
③ 善財洞　　⑫ 山澗　　　C 水井
④ 寶塔　　　⑬ 雙層涼亭　D 網球場
⑤ 觀音噴泉　⑭ 東向梯田式斜坡　E 車庫
⑥ 月洞門　　⑮ 南向梯田式斜坡　F 傭人宿舍
⑦ 游泳池　　⑯ 觀景亭
⑧ 草地　　　⑰ 小徑和台階
⑨ 雲橋

※ 何東花園平面示意圖（此圖為何德明先生據現場及文字記載繪製）

※ 何東花園

座隨着時勢及主人的身份、地位而變遷的何東花園，最是香港園林中西合璧形式的典型，也是華人爭取平等的代表作品，理應作為香港的重要歷史古蹟，永久保存，並開放作為教育後人，展示香港才能創造的中西合璧風格的典型園林的文物見證。

3. 胡文虎花園

胡文虎花園又稱"虎豹別墅"，是中國南洋巨富華僑胡文虎（1882—1954）、胡文豹兩兄弟於 1935 年所建，位於香港銅鑼灣大坑道，總佔地面積 53.4hm^2，用地主要分為住宅建築及花園兩大部分。花園內基本上為坡地，在最高處建有一座 7 層高的六角形中式寶塔，名曰虎塔，面向維多利亞海港，風景極佳，宜於觀海上日出，故曰"虎塔朝輝"，為香港最初的八景之一。

住宅建築佔地 2,030m^2，為一座中西合璧式的豪華建築。花園部分則以民間信仰的神話故事的塑像、亭台閣榭和山石小徑為主，具有奇形怪狀的造型雕塑和五顏六色的瑰麗刺激感，又因它是一所名人別墅，但免費向公眾開放，故歷來受到港內外遊人的關注與歡迎。據別墅管理員說，往年的日遊人量可達 5,000 人，但隨着香港旅遊事業的發展，新的景點不斷增加創新，虎豹別墅難以在旅遊上競爭而日漸衰落。至 1988 年，日遊人量已降至 100 人左右。據同年 12 月 18 日的《香港經濟日報》報導，長實集團擬將它收購，住宅部分拆卸重建，園林部分則擬改建為介紹中國節日和文化為主題的園林，並命名曰"喜園"。

從園林的角度來看，胡文虎花園與中國傳統的文人園林，有着迥然不同的內容與形式，在山巒之間，設有以佛教神像為主的雕塑，如釋迦牟尼、六祖慧能、觀世音、三身如來佛等，也有蘇軾、林則徐等歷代名人的塑像，另有成組的故事或動物彩塑，如八仙過海、豬兔聯姻、雙龍戲珠，地獄閻王以及虎、牛、龜、兔、鷹、仙鶴等等充塞於假山之上，整座山巒洞穴幽曲、神秘莫測，設色造型光怪陸離，善惡分明，其目的是教育人們要行善事做好人，批判那些不和睦，拐賣兒女，殺人放火之類的惡事。但是，這些故事的表達形象與色彩，卻令人產生"刺激神經"、"俗不堪耐"之感。

類似這樣的花園，在新加坡和福建永定也各有一處，前者為胡氏經商致富的地區，後者為其發源的故鄉，或許這三處花園的立意，均為胡氏終身經歷與信奉之所崇尚，也是中國民間信仰之取向，但筆者認為其中亦夾雜些許封建迷信之處，故花園也無需全部照搬恢復，留存其主流精華可也。此外，花園內建有各式小亭，倒也不拘一格，或重簷為閣，或尖頂，或呈一片荷葉，跨小徑而立，與園圃景致結合，形式多樣，內容豐富，堪足取也。

至於別墅的住宅部分，主體建築為中西合璧風格，內有音樂廳、金庫，內部裝修採用意大利式圓圈花紋扶手的柏拉第奧式樓梯，將大廳、廚房、睡房等舊貌仍然保存，益顯胡家大宅舊日的豪華與氣派。這部分已在 2014 年由胡氏後人胡仙接棒改為"虎豹樂園"，作為培養音樂人才的訓練基地。

色彩艷麗的各式水亭，還有三重簷的小閣，大多為民間的傳統形式，但也不拘一格，如在一條小徑拐角處，就跨路而設一荷葉形涼亭，頗具特色。這些亭閣或供奉佛像，或供歇息，或作為標誌，可眺望，可俯瞰，給遊人以方便的觀賞、歇息之用。

總之，目前虎豹別墅修繕後作為培養音樂人才的培訓基地是合適的，至於花園部分，雖然其立意之善，建設內容之廣，為謀求社會的安寧與和諧都是值得嘉許的，但其中一些俗套的形象，和無由的虛擬迷信的故事表達，則沒有必要恢復再造，因為它和中國優秀的傳統園林早已相距甚遠了！

※ 花園住宅

※ 胡文虎花園大門

※ 園內虎塔

※ 胡文虎花園雕塑

※ 胡文虎花園繞瑞亭（左）、蘑菇亭（右）

4. 屯門青山李氏龍圃

龍圃位於荃灣深井的青龍頭，亦稱龍圃別墅，為香港名宿李耀祥先生於 1948 年修建的一處私人花園，佔地約 8.5hm²，處於荃灣大青山脈的一隅，背倚山巒起伏的青山坡地，下有溪澗流泉，重巒疊翠，環境清幽，為香港近市區的一處遊覽勝地。

龍圃的規劃設計為留學美國的建築師朱彬主持，由於地形、地貌的複雜不平，其設計迥異於平地或海濱，自有其獨特之處。

園之名曰圃，亦頗有講究，因一般建園林，多命名曰園，少有曰圃者。蓋圃為種植蔬菜、瓜果之地，言下之意，此園較為粗獷樸素，園內亦曾有兩片小果園。而冠以龍之名，其義尤深，因龍常被中華民族作為一種意識形態的象徵，但在不同時代有不同的理解。在原始社會，生產力低下，人類抗禦自然災害的能力薄弱，故賦予龍可御風降雨的想像去征服自然；在封建社會就以龍作為皇帝的象徵；在飽受屈辱的近代，則作為奮發圖強、爭取民族自立、自強的一種精神象徵。龍圃就是在這個大時代背景下建立的，故以龍命其園。

時代的趨勢，用地的地形，地貌複雜的局限，以及家族家規的需求，使得龍圃的規劃設計，具有以下幾個不同於一般中國和嶺南傳統園林的佈局形式與內容的特徵：

其一，由於境內依山巒、臨溪澗，故在河洞之濱築以高達 6-8 m 的城牆，牆其中如護城河有城門出入，儼然深闊大宅之境，而後依着自然地勢，在林木蔭鬱之中去到園林的主體或主景，而不是一般以廳堂建築為主的正統格局。

其二，園名曰龍，其景觀也多突出龍的形象，如建築物前的五龍浮雕石，龍游於水，山洞口的龍頭吐水，以龍雕燈柱寓意龍騰的放射光明等，都是以龍的不同姿態表示一種自信、自立、自強的意願。

其三，園內地形、地貌複雜，缺少寬廣的平地，故多設小型靈

※ 龍圃護城河

※ 龍圃之知樂亭（左）及其內部（中）、匾額（右）

活的亭築，其中以逸亭最顯目，為中式八角亭，由香港名宿周壽臣先生題匾，寓意園主退隱建園之安逸為樂。距逸亭不遠，又有一平頂的扇面亭，建於半山腰一小池旁的平台上，四周以低欄環繞水池，亭匾為另一位香港名宿周達平先生以篆書題曰"知樂亭"。亭子臨溪而設，或寓意知魚之樂，取濠濮知魚之趣的對話也。此外，尚有5個亭子散置於山巒的平坳處，其中有3個圓亭，大小相近，而形態各異，一為中式平頂，赤橙色柱，中心有琉璃質桌凳，其餘二亭均為平頂，灰磚圓柱，其中一為平頂透空，可種樹穿頂而出，亭內有卵石小池，頗具野趣，另一為簡易圓亭，內設有壁畫，頂夾有小獸雕飾，柱間有坐凳，可停歇觀賞，還有一木柱方亭比較簡潔樸實。此外，有一個典型的中式碑亭。龍圃由於地勢不平，因地制宜地建造了豐富多樣的亭子以顯示景觀特色。

目前，龍圃的主體仍為園主的墓葬。據說此園曾一度出售，故墓葬也已外遷；不久之後，園主李耀祥之第五個兒子李韶先生獨具孝心，又以高價收回，並將李耀祥先生之墓遷回龍圃重建，並利用園內一塊少有的中心平地，闢建一個嚴整的廣場，在廣場的南端，立一個三開間的中式牌坊，坊上橫額曰"望雲"。廣場兩側設鐘鼓

※ 龍圃之龍戲水

※ 龍圃之龍吐水（左）、丹墀龍雕（中）和龍雕燈柱（右）

※ 龍圃之逸亭

※ 龍圃之方亭

※ 龍圃之圓亭

樓，似已形成為龍圃的主體，其周圍的園林小品還有石獅、華表，更顯其氣勢。在私園中設置墓葬的情況，古今皆有，故龍圃亦可稱之為“家庭式墓園”，而一般的墓葬家園，規模較小。如台北市雙溪的摩耶精舍，就有大畫家張大千的一小丘塚置於其私園之中。

此外，由於龍圃的地貌零碎而複雜，故特地設置了不少的小景：如中式七層寶塔，西式小雕塑噴泉，道路木欄杆上的石獅，以及山洞口的小雕塑等。雖然表現出“處處有景”的趣味，但總覺得有些雜亂無序，缺乏中國傳統山水園的佈局意境。值得一提的是，在山坡路的必經之處，築了一個孫中山先生手書的“天下為公”的壁匾，顯示出園主少年時曾參加北伐，對孫先生領導民主革命的景仰與崇拜。這既是時代的反映，也是令子孫後代永遠銘記的人生理念。

園主李耀祥先生給我們留下的這一份可貴的園林遺產，是有其深厚的人生歷練與根基的。他 1896 年出生於廣東中山市小欖鎮，那是一個“滿是屈辱”的時代，因此他從小就受到革命思想的薰陶，14 歲就參加革命並立志北伐。家人以其年幼宜專注學習，乃轉到香港求學，因天資聰慧，屢獲嘉獎，後畢業於香港大學。

上述四處私園，各有特色，悟園純屬隱居安老之所，以荷池、曲橋、鄉野田園之趣取勝，具有儒家與民同興的仁者思想；何東花園則是在港英殖民時代，華人爭取人權平等的象徵，留下了當時政治、社會和人物的一些歷史記憶；胡文虎花園則屬主人宗教信仰的展示，宣揚行善除惡、因果報應之說，帶有宗教信仰的民俗意識；龍圃則屬社會賢達的墓園，也具有與民共享的願望和結合生產的需求。從香港園林發展的歷史來看，它們都是值得保留的園林。

※ 龍圃之噴泉

※ 龍圃之圓形小台亭

※ 龍圃之石獅（上、中）和觀音雕像（下）

※ 龍圃之"天下為公"壁匾（上）、華表（下）

※ 龍圃之中式牌坊（上）、碑亭（下）

悟園記　　順德　陳荊鴻　敬撰並書

　　居城市之中，而有山水登臨之樂，君子欲之，然未易得也，況乎芟夷秦莽，起樓台於層巒疊翠間，使州人仕女春秋佳日得以徘徊瞻眺，盪滌塵慮，而不必問主人之誰屬，這豈非仁者之為而千秋之盛事乎？

　　太倉吳君崑生，治貨殖滬上，弱冠吏無錫榮宗敬先生之知，以紡織翊其業，南來香島亦既有年矣。歲壬寅秋，陟大嶼山，至萬丈瀑，喜其形之奇，勢之深，境之靜，因購地百畝，石磴道、興土木，以增山林之勝，歷五年而成。

　　顏曰：悟園其中，碧瓦朱垣，翼然而高者，堂也。迤邐而左，有齋有軒，長廊周之。佳木蔭於前楹，珍禽蓄於庭右，階除寬廣可香而茗坐也。拾級而下，地勢平衍，瀹泉以為池，池之中為橋，橋之中為亭，闌欄迂迴，清風拂人衣袂，挽欄而視，則荷葉田田，群魚戲躍其下，縱目而望，則滄波浩渺，島嶼羅列其上，而芳華春綠，霜樹秋紅，白鳥翔空，彩霞戀岫，四時之景莫不隨，陰晴昏曉，而異其趣，益使遊斯園者，流連而不忍遽去也。君夙耽禪悅性□□邱山，既築藝圃於無錫之西水關，夏營墓園於蘇之靈岩，其中一草一木，皆殷勤手植。今來居海隅，雖年登耋，而興會不減。舉凡鄧尉之梅，天平之竹，洞庭之枇杷，滇池之山茶，不遠千里，羅而致之園中，於此以遊目賞心，而寄其遐思焉。夷改志乘。

　　大嶼山曩稱大奚山。宋景祥間，二帝播遷，忠臣義士相與追隨於炎州荒徼之外，茲山乃著於史籍，及今七百年，北望零丁瞻官富茫茫天水固猶是也，而人事廢興之跡，已漠然不可復睹矣。發思古之幽情，歎流光之一眴，能勿憬然悟耶。

　　君法號悟達，因以名園。

　　且曰園之築，固所以娛老，然山川之美，登臨之樂，當與眾共之。人生有涯，而宇宙無窮，將焉用其私乎？予曰：善。乃為之記，以告後之來者。

時丙午十月望日

一九〇六年

第二章

———— 英治時期的公園

公園，是一個城市最具代表性的園林。它源於現代民主革命的浪潮之中，也隨着歐洲殖民運動的發展而帶來中國。其實，中國的公園早在古代就已奠定了儒家"與民同樂"的思想基礎。不過，由於現代社會及科學的進步，由英人管治了 150 餘年所建設的香港公園，在類型、內容及形式上，都表現出香港園林的明顯特色。這已見於前述，現再就香港的公園略述如下：

現在世界上都以城市人均擁有公園面積作為城市優良與否的指標。據歷年來不完全的統計，港九市區的公園面積為 552,002hm^2，以港九地區人口數 344 萬計，則香港市區人均公園面積僅為 0.76m^2/ 人；如將郊野公園面積以 44,300hm^2 計，全市人口 748 萬則人均可達 5.92m^2/ 人。這在香港的人口密度為 6,761 人 /km^2 之情況下，是相當可觀的了。故我認為這也是使香港的人均壽命居全球之冠的因素之一，但是香港具有自然與人文雙重作用的公園數量則仍然有待增加。

1. 九龍公園

九龍公園位於九龍半島中部，自 19 世紀 30 年代西方人發現維多利亞港為理想的船舶停泊處以來，這裏就成為戰略重地，故首先在這裏建了一個炮台。1861 年九龍半島被割讓，即為英軍佔領。不久，他們就設立了威菲路軍營，直至 1975 年將軍營撤出，此處就成為了一處公園。

現在的九龍公園東臨彌敦道，北為柯士甸道，西為廣東道，南臨海防道，面積 14hm^2，比原址軍營要小些。1975 年軍營撤離，保留了許多大樹，因此這裏又是鳥類聚居地。但由於公園管理和經常維修以及植物的新陳代謝，常常影響着雀鳥的生活，故香港的長春社於 1996 年就建議在公園內成立 "自然保育園地"，目的是將愛護自然生態及野生雀鳥的訊息帶給遊人，加強保護。在園地內，又加種了 2,000 株灌木供雀鳥棲息，綠化進一步改善。據統計，九龍公園有近 70 種野生雀鳥，61 種樹木，105 種灌木和 70 種顯花花木。環保部門研究，一個足球場大的熱帶雨林，每年可以吸收 30kg 的二氧化碳，故九龍公園的這片綠洲，就成為整個半島一個珍貴的 "市肺"。

為了社會發展的需要，九龍公園在 1996 年之前，就已由香港馬會斥資 3 億元，對公園進行了規模巨大的重建工作，至 1998 年 3 月重新開幕，使九龍公園更加全面化、多元化。

除了保存各種各樣的英式健康運動為主的設施與格局外，公園更增添了不少新型的遊樂之地項目，如雕塑園、迷宮、百鳥苑、中國花園、長者健體園地、健步行徑、水景花園等，又保留了一座舊建築物，活化為文物探知館，經常為市民舉辦各種講座、小型展覽和圖書借閱等，十分受市民的歡迎。現在九龍公園已成為一個多元化而歷史悠久的地標性現代化公園，也是香港公園系統中最負盛名的一座歷史文化的標誌性公園。

※ 九龍公園大門

　香港園林史稿

※ 九龍公園之軸心塔（上）、漏窗走廊（下）

※ 九龍公園 "框景" 雕塑（左）、"萌芽" 雕塑（右）

2. 香港公園

香港公園位於港島中區扯旗山下，原是英治時期留下的域多利軍營舊址。1979 年，香港政府決定將軍營近山麓地段改為商業發展及政府辦公樓，而近山的大部分地區，則由市政局及香港賽馬會合作建設一個公園，並保留這一地段上的建築物和自然物——設有700 株大樹及其他地貌。這個決定得到了市政局和賽馬會的首肯，在 1991 年 5 月一個全新的公園終於開幕了。無論從公園的地理位置、歷史狀況及其自然的地形地貌來看，都足以成為一個香港地標性的公園。故以之命名為 "香港公園" 是最為恰當的。公園佔地 8.16hm^2，但內容豐富，景點建設既富有創意，又保留了原有的歷史建築物，使之活化成為一個現代化的地標性公園。其特點有：

利用現有的地形及保留的數百株百年大樹，建設一個離地面山谷底部高達 30m，覆蓋範圍約 3,000m^2 的特大型不鏽鋼網，以作為鳥類活動空間；而網絡空間內有多層迴旋的遊步道（或行人天橋），令遊人既可漫步而下，又可緩步而上，穿行於大樹林之中，可以靜聽鳥語，近觀鳥態；網絡的谷底有溪流瀑布、水池，可以飼養遊禽。這裏的鳥類多來自南亞馬來群島的熱帶雨林，數量近千隻，構成香港一個鳥類自然生態區。徜徉其間，花香鳥語，趣味盎然。此觀鳥園，以當時的港督命名曰 "尤德觀鳥園"。

園內建有一個巨大的溫室，面積超過 1,600m^2，其獨特之處，一是展示了香港人喜愛的、常見的、美麗的花卉植物，給遊人以喜悅的親切感；二是使香港遊人進入到不常見甚至從來未進入過的乾旱植物區或潮濕的熱帶植物區。乾旱植物區氣溫高達 36 ℃，加上在沙土中培育的各種奇特的仙人掌類植物，使人頓覺到了沙漠地帶，乾燥悶熱；但稍一移步又進入了一個完全不同的空間，這裏潮濕陰暗，雨聲淅瀝，在小橋流水中穿行，小徑兩邊是艷麗的奇花異草，色彩斑斕，使人目不暇顧，心花怒放地流連忘返。以上三種不同溫室的建造，全賴現代化的自動控制設備調節，在這裏也突顯出科學進步帶給園林以

※ 香港公園之噴泉

※ 香港公園之溫室（上）、仙人掌（下）

※ 香港公園之鮮花

※ 香港公園之小徑

※ 香港公園之鳥類活動空間

※ 香港公園之盆景園

※ 香港公園之大鳥籠內遊步道

※ 香港公園之湖景

※ 香港公園之露天餐廳（上）、水池中的水仙花（中）和人造瀑布（下）

智慧創新的啟示。溫室以時任華人政務司長官命名曰"霍士傑溫室"。

香港公園的理水也是超乎其他公園的一個特色。在這裏充分展示出公園中的理水，匯聚了噴泉、溢流、瀑布、滴落、疊水、溪流等六七種不同的水態，使公園成了一個多變化，多形態的理水文化公園。

香港公園充分保留、利用了香港的歷史建築物，並將之活化使用。如原有的旗杆屋改用作羅桂祥茶具文物館，偉華樓作為教育中心，卡素樓作為視覺藝術中心，羅連信樓改為公園辦事處及婚姻登記處等。此外適當增加一些必要的小型建築物，如東門入口處高 20m 的鐘樓及 30m 高的鳥瞰塔，以便觀景，還有專設一處園中園——太極園以作靜態運動用。

香港公園建成開放時，已進入到 20 世紀 90 年代，是在《中英聯合聲明》發表的前一年，公園的建設似乎也已感觸到香港回歸的脈搏，與往日的維園顯然不同。它的標誌是中式的太極園替代了更多的球類。當然，這是高科技的發揮與中英人民友誼的相互尊重的結果，也顯示出香港地標式的特色。

香港公園的設計在利用地形、設計內容以及城市環境概念的創新等諸多方面都受到港內外遊人的讚許與歡迎，因而在 1998 年獲得了城市設計榮譽大獎。

3. 皇后像廣場

今日所見的皇后像廣場為 1966 年 5 月建成，將北部東邊以和平紀念碑為中心，碑基四面以小徑分隔為四塊整形草坪，簡潔肅穆，碑文上刻有"英魂不朽、浩氣長存"的字樣，這是為紀念第一、第二次世界大戰犧牲者而建。

花園北部的西邊以噴水池為中心，三面環以亭廊，池北有一長形花池，池東的一塊草坪上，自然式地栽植 6 株白千層樹，樹皮奇特，展現出一種粗壯的雄姿；花園南部為人流穿行最集中之區，中間有一通道，並有小橋穿過，兩亭各有噴水池、花池、雕像及亭

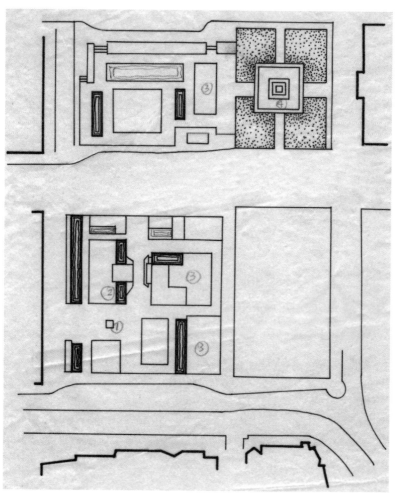

※ 皇后像廣場平面示意圖

① 雕像
② 水池噴泉
③ 樹壇
④ 和平紀念碑

廊，地鐵出入口緊臨西側，這部分佔地 0.42hm^2。

皇后像廣場屬於香港市區中心的標誌性園林，四周有香港最著名的建築圍繞，如東部的香港會所、終審法院大樓；南部的滙豐銀行、中國銀行大廈；西部為太子大廈、文華酒店等，原來是為慶賀英女皇登基而設像建園。現在皇后像早已遷移去維多利亞公園，雖然公園名不符實，但作為英治時代的園林，仍是一塊難以抹掉的英殖民的痕跡。

4. 香港的第一個公園——兵頭花園

兵頭花園位於港島中部的半山區的干德山下坡地靠近港督府，以上亞厘畢道相隔，其最高處海拔約 100m，最低處約 60m，1860年始建。初時在園內設有音樂台，英軍樂隊定時在園內演奏，當時的港督兼任英軍總司令，故稱此園為兵頭花園，因園內植物較多，亦名香港植物公園。以後逐步引進了一些小雀鳥及少量哺乳類動物。據統計動物約 28 種，雀鳥約 900 多隻，故在 1975 年，又正式易名為香港動植物公園，總面積有 5.6hm^2。

公園用地以雅賓利道分隔為兩部分，西部為大兵頭園，以噴水池為中心，四周林木蔥翠，以一般的休憩、健身用途為主；東部為二兵頭園，則以觀賞各類動物為主。早在 19 世紀至 20 世紀初，遇到港督舉行的遊園會之際，公園封閉，遊人不可入。如在 1875 年，為歡迎美國總統格蘭特將軍來訪，舉行盛大遊園會，公園有 5 天不能接待一般遊人，但那次卻因天氣惡劣，遊園會也沒有開成。

兵頭花園從 1860 年始建至 1871 年，歷經 11 年終於建成，至今已有 140 多年歷史，其間也是經歷過不少的風風雨雨。如在 1942 至 1945 年的日據時期，公園一度易名為大正公園，還興建了一對日式的神柱，公園內的英王佐治六世的銅像，也被日寇運往日本熔化掉了。但是，這個香港歷史最悠久的公園，一直都在不斷地修整美化，成為香港歷史最長、最具英式公園典型的代表性公園。

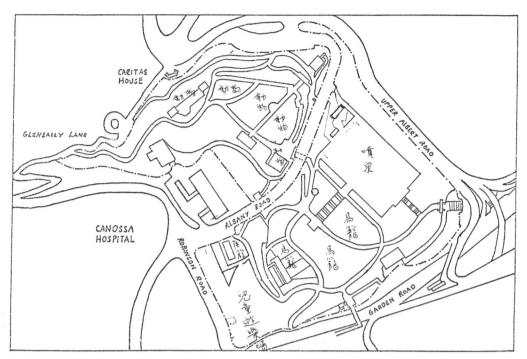

CARITAS
HOUSE

GLENEALLY LANE

CANOSSA
HOSPITAL

ROBINSON ROAD

ALBANY ROAD

UPPER ALBERT ROAD

GARDEN ROAD

動物

動物

動物

動物

動物

噴泉

鳥籠

馬籠

馬籠

鳥籠

雀籠

兒童遊樂場

※ 香港兵頭公園平面圖

※ 兵頭花園之噴泉（2005 年）（上）、紀念牌坊（下）

※ 兵頭花園草地（上）、瀑布（下）

※ 兵頭花園之亭子

5. 維多利亞公園 —— 香港最大的公園

第二次世界大戰後，香港大量填海造地，維園基本上就是於 1954 年在東區填海地上興建起來的。1958 年，政府將一座英國女王維多利亞在 1897 年登基時的坐式銅像從皇后像廣場移放在公園的南入口處，公園由此而命名。公園於 1957 年正式開放使用，面積 19hm^2，是英治時期香港最大的一個公園。

公園以各項體育運動項目設施為主，如游泳池為本港第一個符合當時國際標準的跳水池，深處可達 5m；還有多個網球場，每年都在此舉辦維斯杯比賽；其他還有硬地足球場、籃球、排球場、壁球場、手足球場、緩跑徑等。這些運動場地幾佔公園總面積的 60%。可見，港英政府對公眾健康運動的重視，這是維園的第一個特點。

其次是維園自 1980 年起在園內設置了 "城市論壇"。這是仿英國倫敦海德公園而設立的，每周的星期天，有政府官員或名人來此論政、講時事等，顯示出一種民主自由的社會風氣。1971 年 7 月維園發生了香港第一次保衛釣魚台的浪潮，掀起了維園作為發表政論並作為遊行示威集會場的幔子，學生們的申請未能獲准，以致與警員發生衝突，於是有議員提出專撥公園的一角進行活動才得以解決。

1989 年的 "六四" 活動時，有人在園內豎立了 "自由女神" 的塑像，以後多年都在維園舉辦 "六四燭光晚會" 的活動，這些都為維園增添了政治色彩。

而 1996 年的 9 月 15 日，一位學藝術的青年潘星磊君，以反殖民地為由，在維園英女王維多利亞坐像上與自己的全身潑滿紅油漆，並將女王塑像的面部用鐵鎚敲打至殘。潘星磊辯稱，這是為實現他個人的 "行為藝術" 的理想。這場破壞歷史文物的表演，也給維園留下了一個政治鬧劇的歷史故事。因此，維園的政治色彩是其第二個特點。

※ 維多利亞女王銅像（左）、被潑漆的銅像（右）

　　其三，由於維園的地理位置適中，早已成為一個綜合性的、多功能的公園用地，工業出品展銷會、花卉展覽會、年宵會、綵燈會等全市性的文化、商業活動都曾在此舉辦，是利用率最高，也是香港最富代表性的一個公園。故有議員認為維園已取得成為香港中央公園的地位，甚至建議斥資重建維園，修整設備，重新規劃出“維園十景”的新維園。這個建議卻因中環香港公園的建立而未能全部實現。

※ 維多利亞公園（上）、公園內的跑道（下左）和城市論壇的標語（下右）

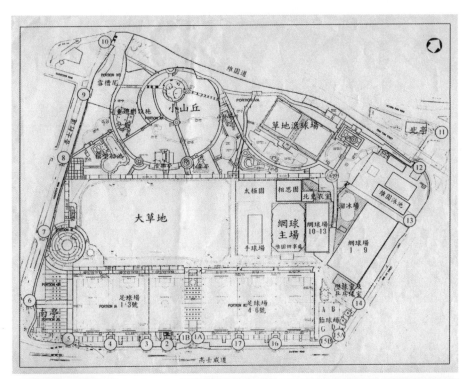

※ 維多利亞公園平面示意圖（上）、大草地（下）

香港的小型園林及兒童遊樂場

1. 小型園林

小型園林是城市中一切面積較小的各類園林的總稱。在不少大城市，小園林像繁星一樣分佈於城市用地上的各個角落，如前所述，香港的小型園林，是以（小）園、（廣）場、（小園）地、（休息）處命名。有的也稱為台的（如宋王臺、觀景台），從性質和規模看，這種分類還是很科學的。但究竟什麼可稱小型園林，各地有不同的標準，一般是以 $1hm^2$ 以下的提供短時間遊樂、賞景的園林屬之。據 1986 年政府的統計，香港九龍地區的小園林（$10,000m^2$ 以下）約佔全市園林總數的 87%，其中在 $5,000m^2$ 以下的又佔其中的 31.76%。這個不完全的歷史統計雖然由於現實的變動不定不夠準確，但尚能說明大體的情況。如香港各項建設的速度很快，有些小塊地先用作堆料場，事後就用作小園地保存下來了。

小型園林面積雖小，但其作用卻不小，它分佈均勻，利用方便，特別受老人和兒童們的歡迎，而且同樣具環保作用，哪怕只有一棵樹都可具有遮陰、製造氧氣、吸收有害氣體、調節小氣候的作用；由於小而多，更便於設計類型的多元化，更易於突出豐富多彩的特色。僅以平面設計而言，就可以在同樣面積的用地上，採用完全不同的圖形與風格。在風格內容上，更易體現簡單、突出的特色，不至於使眾多的小園林給人 "到處都一樣" 的重複感覺。故小園也有小園的優勢。

例如在金鐘中環太古廣場之東，有一塊面積約千餘平方米的空地，其中仍保留了一株古榕樹，樹高不到 30 米，樹冠覆蓋面達 $2,100m^2$ 以上，生長繁茂，估計種於 1870 年左右，距今已有 140 餘年歷史。市政局乃將這一塊地設計成 "榕園"，在興建太古廣場時，特意為此樹建造了一個直徑 18m、地下 10m 深的巨型圓筒土團保養，地面有兩個隧道出入口，地面上設有一對 "戀

※ 太古廣場之古榕園（上）、戀人雕塑（下）

人"雕塑，旁邊還有一紙袋餅乾散落出來的雕塑，均為銅質，反映出情侶的休閒情趣。而在古榕覆蓋的範圍外，更設有兩個以書帶草鑲邊的杜鵑花壇和一株香港市花——紫荊作為古樹的陪襯，使整個榕園顯得簡潔、明快，成為四周高樓建築群中一處供短暫休閒的"市肺"。

我們的園林設計者必須用心地去思考，以新的思維動筆設計，讓小園林成為有主題、有意境的美輪美奐的小園。總之，現代化的城市，要求人在哪裏工作，哪裏就有園林，人們生活在哪裏，園林就造到哪裏。千千萬萬的小園林，構成城市中的園林綠地網絡，它是城市點、線、面園林系統中的"面"，也是大城市中值得重視的重要環節。

2. 兒童遊樂場

在香港小公園中最突出的就是兒童遊樂場。如果說兒童遊樂場是一朵鮮花，則香港真可謂"遍地開花"了。哪怕只有十數平方米的邊角空地，都設有袖珍兒童遊樂場。在戰前香港僅有兩個兒童遊樂場，而到了 20 世紀 90 年代，就發展到 200 多個了，增長了 100 倍，現在已發展到 300 多個，而且不僅是數量的增加，質量的提升則更為可喜。

初期的遊樂場大多是擺放幾件簡易的兒童玩具，如木馬、滑梯等，到了 20 世紀 60、70 年代，由於場地的增加，簡易的玩具則有發展，更加多樣化，大體上可分為八大類型，即：坐椅式、走跳式、爬攀式、滑動式、轉動式、拆卸式、繩網式迷園等。

到 20 世紀 80、90 年代，則出現了一種多元化的綜合型玩具，如九龍月盛街兒童遊樂場，面積有 2,500m^2，由於用地擴大，單獨設置的簡易玩具分佈過於零散，就設置了一種大型的綜合玩具，一件玩具可以用於走、跳、爬、攀、吊、滑、轉等不同的體能活動。

※ 香港早期遊樂場玩具

※ 香港早期遊樂場玩具

※ 香港早期遊樂場玩具

※ 九龍月盛街兒童遊樂場

與此同時，將高科技融入玩具中，出現了智能式玩具、裝拆式玩具等，玩具的色彩也都極為鮮艷、亮麗。

　　21世紀的前後，又出現了一種綜合性更高，並滲入高科技的特色遊樂場，如京士柏遊樂場。

　　此後遊樂場的發展，又產生一種向外來文化傾斜的設計思想。隨着美國迪士尼樂園的引入香港，在2000年8月一個名叫史諾比（Snoopy）的美國卡通式公園在沙田新城市廣場的三樓屋頂上出現了，面積更有4,000m²。該園設有以花生家族人物為主體的卡通式休息廊，其他的建築和小品如門廊、垃圾桶、地面舖裝等，都極具特色，而且還有一條寬8m、長71m的獨木舟探險溪流。溪流兩旁還設置形、色、聲、光俱備的險境（如篝火）或溫馨家庭的卡通式景點。由於這個遊樂場的內容豐富而新鮮，形式也較多樣、獨特，為兒童遊戲開拓了一個新類型，極受小孩子歡迎，以致入門還要等候。

　　這種新型的兒童遊樂場，不僅在香港兒童遊樂場建設史上，展開了新的一頁，而且也影響到臨近地區。廣東順德的大良新城區於2002年興建了一個類似的，但比沙田的史諾比開心世界大100倍，是世界第一大的史諾比兒童樂園（面積為40,000m²）。

　　鳳德公園位於黃大仙區鳳德道，面積約1.1hm²，是以中國古代名著《西遊記》的神話故事中的某些情節如"水晶宮"、"五指山"等為藍本修建的主題公園。由於《西遊記》中的主要人物在中國家喻戶曉，也是青少年熟悉和極感興趣的，如唐僧、孫悟空、沙和尚等，公園的設計者，以豐富的想像力將公園與小說中的故事情節聯繫起來，以抽象的形象烘托出故事中的場景，極受少年兒童的歡迎。

　　此公園的特色包括：由正門而入，為一個庭院式的廣場，兩側為長橫的壁畫，有神話人物事蹟的描繪，但在全園內並無一座人物造型的雕像。其次，以山石塑成的花果山以水簾洞與水晶宮緊密相連，作為入園後的第一個景觀，表現以瀑布景觀融入水晶宮中，寓意水中遊覽的夢幻般的世界；而從水下宮中仰望着呈半環排列的圓

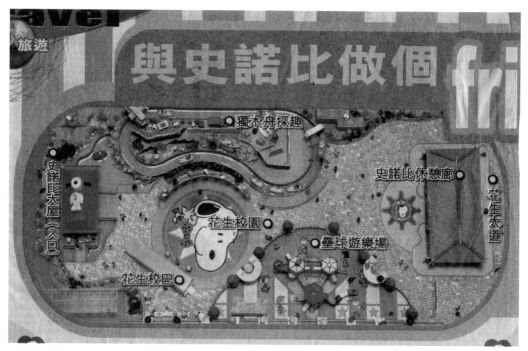

※ 史諾比卡通樂園平面圖

※ 史諾比卡通樂園

筒狀物 "五指倒立" 高達 5m，象徵佛祖的五指。在這五指山下設有棋角、鶴角及兒童遊樂區；火焰山峰頂為鮮紅色，使人感到耀眼、誇張，山底鋪以沙石，緊連着一片火焰般的鋪地，也令人矚目，置身其中，宛如走進酷熱沙漠，使周圍栽種的紅色樹木也黯然失色。回過頭來，登上花果山頂俯瞰全園，似乎已引導遊人進入了一個色彩斑斕、造型獨特、佈局有序、動靜結合的童話世界，傳統的故事、革新的形象，應是兒童公園的優秀一例。

西九龍京士柏道公園的兒童遊樂場，面積僅 1,390m^2，1989 年被改建為一個包含科學天文知識的太空探險兒童樂團，並以月球之旅為主題，寓教於樂，極富創意。公園耗資僅 350 萬元。這個公園改建的特點是：

1. 此園全部由香港人自己規劃設計，在香港回歸祖國的 1997 年之前即已啟用，成為香港獨立自主完成的第一個兒童樂園。

2. 極擅於利用不同層次（共有四層）設置充分發揮兒童視、聽、觸覺的功能，使之更全面地接受月球之旅的知識。

3. 全園不設階梯，便於傷殘兒童通行玩樂。

這個公園的缺點是用地小而設施過多，顯得擁擠、混亂，有諸多不便。

筆者認為，香港兒童遊樂場建設是順着由簡易到綜合，由機械到智能，由單純的體能到文化情趣發展的。這是正常的、豐富的，但是，對於香港這個具百年殖民地歷史的城市來說，加強兒童對中國傳統遊樂的文化知識的認識則相當欠缺。中國兒童的歷史寓言故事題材豐富有趣，如 "曹沖稱象"、"孔融讓梨"、"司馬光破缸救友"、"守株待兔"、"聞雞起舞"、"東郭先生"、"鷸蚌相爭" 等故事，都可寓教於樂，給人以勤奮上進、秉性善良、待人處事、聰明智慧的啟示，也能培養孩子愛祖國、愛家鄉、愛人民的情操。因此，以祖國悠久的、優秀的傳統文化題材為今後兒童遊樂場建設的

※ 史諾比卡通樂園

※ 史諾比卡通樂園

主題方向，應是值得深入探索的一個主題。[①]

　　兒童是人類美麗的花朵，是未來的開拓者，培養兒童全面發展的兒童公園和遊樂場的設計是園林師的重要責任。香港雖然地少人多，土地利用有限，但對於兒童遊樂的設置，總是盡心盡力，力求完備，只要有十數平方米的邊角空地也都可以利用起來，設置簡易的兒童遊樂場，這也是很可貴的。

① 《兒童遊樂設施》，朱堂純編著，北京：中國建築工程出版社，2004 年。

第三章

社會思潮影響
下的香港主題
公園

在 20 世紀中葉，隨着世界科學技術的進步以及歷史文化的發展，在中國的園林界出現了四種社會思潮：一曰思古之幽情，追尋歷史上盛世情景，各地紛紛摹擬、創建或追尋漢城、唐城、宋城以及紅樓夢中的大觀園等；二曰機動遊樂設備器材的輸入，科技進步，大大地改善了各種舊手工業的設備，機械化的技術已滲入到遊樂方式改變的進程中；三曰縮景異地景觀名勝的仿造，如世界之窗、中華民族園等紛紛亮相，以示"一日可遊遍世界"的旅程，高效地獲得旅遊文化的知識；四曰回歸大自然的追求，工業的發達與進步，也帶來許多對自然環境的污染與破壞，危害着人類的生存與生活，而中國傳統園林的基礎是立於大自然的體系的，園林建設必須保護自然、善用自然，因此出現了濕地公園、綠色景觀園林和"以植物造景為主"的園林建設方向。此時期的香港，同樣出現了率先體現這些思潮的代表作，今略舉數例進行分析。

一 荔園與宋城

荔園位於九龍的深水埗區，是一處以機械遊樂器材為主的樂園，其項目多達 40 餘種。既有易操作的兒童玩具如碰碰車、船，也有啟迪智慧的、或足夠刺激的、或運動健身的種種遊樂器具。如高卡方程式賽車、連環遊戲、鐳射光射擊場、幸運號碼遊戲等。數十件大大小小、形式多樣的遊樂設備，滿滿地充塞於整個空間，顯得十分擁擠而凌亂無序，卻給孩子們留下了一種東奔西跑的熱鬧記憶。嚴格地說，這個遊樂場不能算是園林，而是一個新奇熱鬧的遊樂場地，時興了一陣之後，終於在 1997 年 3 月 31 日停業關閉。

而仿古的宋城與荔園緊鄰，始建於 20 世紀 70 年代，佔地 60,000m²，是中國仿建宋城最早的一處園林。它取景於宋代名畫《清明上河圖》的一段景致，表現出宋代首府開封繁榮的市井景象。

為甚麼香港"宋城"會成為中國興建仿古之祖呢？這還要追溯到香港本地的影視實業家邱德根先生的個人情趣。邱先生十分喜愛書畫文學名家輩出的宋代文化，加上南宋的末代皇帝昺南逃至九龍的歷史事蹟，使他對宋代懷有一種敬佩、欣賞的深情，故此興起一股思古之幽情。他是第一個將宋代名畫《清明上河圖》為藍本的景物呈現於香港的投資者、造園家。他以巨額的投資，招募佔全港雕刻行業人數 1/4 的技術人員來建造"宋城"。經過一年多的籌劃及以後緊接着的精雕細琢，終於在 1979 的 7 月 5 日率先開放。一座雄偉壯觀、氣象萬千的仿宋代古城廓出現於香港，其中尤以一座樓高兩層、佔地 836m² 的手樂樓，以及展出 70 多位中國歷代帝王及重要人物的塑雕人物蠟像館，最引人注目、讚嘆。園內還有宋代迎娶婚嫁的表演，以及舞蹈、耍猴、雜技表演等等。這許多的設施與活動雖然能使遊人獲得一些古代人的生活情趣與知識，但在香港這個特殊的城市，經過了千年的時光隧道，是很難在如此狹窄的空間裏展現出當時百萬人口的首都生活情景於萬一的。當然也很難滿足現代人

※ 宋城宣傳畫

※ 宋城大門

在科技進步與思想情趣方面需求的。於是，一個熱鬧一時的宋城，也因遊人數量日漸減少，和荔園差不多同時結業。不過它仍給香港人留下了宋代人情風俗與古都開封的一絲絲記憶。

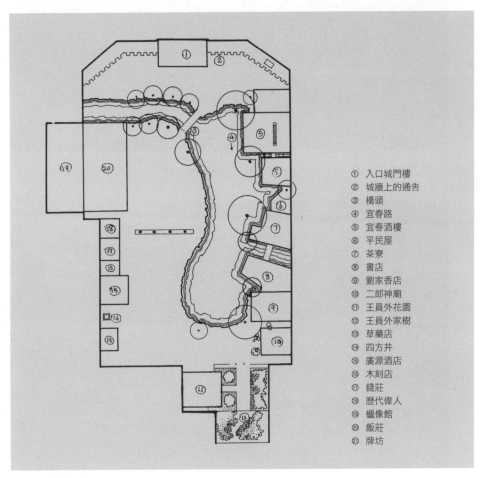

① 入口城門樓
② 城牆上的通告
③ 橋頭
④ 宜春路
⑤ 宜春酒樓
⑥ 平民屋
⑦ 茶寮
⑧ 書店
⑨ 劉家香店
⑩ 二郎神廟
⑪ 王員外花園
⑫ 王員外家樹
⑬ 草藥店
⑭ 四方井
⑮ 廣源酒店
⑯ 木刻店
⑰ 錢莊
⑱ 歷代偉人
⑲ 蠟像館
⑳ 飯莊
㉑ 牌坊

※ 宋城示意圖

※ 宋城內仿古建築

※ 宋城內仿古迎親表演

● 二 海洋公園

海洋公園位於香港島南區黃竹坑與南朗山之間，瀕臨大樹灣，於 1977 年初建成開放，當時的面積約 70hm^2，以後陸續有擴大，現為 91.5hm^2。它的建造一開始就奠定了它在香港園林系統中的主導地位。香港是海島城市，中心地帶由香港島和九龍半島組成，再加上四周 200 多個大大小小的離島。海洋是香港存在的本體，海洋公園以突出海洋生物的知識、探索海洋園林文化精神為其核心價值，它的誕生就決定了其在香港城市園林中明顯的主體作用。而園中的海洋館更成為當時的 "世界之最"，成為成千上萬來香港旅遊人士的必到之園。簡單地說，海洋公園具有以下四大特點：

1. 選址優越、佈局自然。公園距市中心區僅有 10 多分鐘車程，公園依山而建，地勢高差約百米，登山遠眺是一望無際的平遠海洋。公園用地突出於海灣之中，分為山上與山下兩大部分，卻橫向相距約 1,500m。現已有火車通行，上下則有人行層梯及纜車聯繫，山上、山腰與山下都設置了極其豐富多樣的海洋生物展示場地和遊覽區。如海洋館、海濤館、鯊魚館、百鳥居、蝴蝶屋、金魚大觀園、熱帶溫室、水上樂園等都是因地就勢，極其自然，保留海洋生物展示的各種自然生態環境。

2. 主題突出、內容豐富。以海洋生物為主體，兼及陸地生物，大到海豚、海豹，小到魚鳥花草、蝴蝶爬蟲，品類齊全，都以科技的方式展示，大大地普及了海洋與陸地生物知識，做到寓教於樂，也寓教於遊。

3. 園中有園、風格各異。香港本來就是一個國際性的大都會，不同的園林風格在園中多有反映，甚至還有專門的日本園在內，樹木花草也多引進各大洲的新品種。建築物、山石、水體的設計，大體都能各適其適，超越了多種風格的模式，以適應本土生態的形式。由於強烈的民族意識和需求，後又新建了一個跨越千年歷史文

※ 海洋公園入口（上）和園內過山車（下）

化的集古村（編按：現已拆建關閉），表達了香港人民在長期殖民統治下對祖國燦爛文化的思念與追求。

4.設備先進、規模龐大。為適應地勢的需要，修建了一條總長250m的四段室外人行電梯，成為世界室外電梯之最，而山上臨海的一組大型機械遊樂設備如摩天輪、八爪魚等，也都是很吸引遊人的大型設備。

總之，在海洋公園裏，既有海洋生物的豚鳥蟲魚，又有現代化的機械遊樂設備；既有動態的表演，又有靜態的文化觀賞，將遊客一會兒帶到數千呎的海底，一會兒又拋向高數百呎的驚險太空，一會兒又帶你回味數千年前的古代文化生活，一會兒又引領你看到科技先進的未來，集古今中外知識於一園，使遊人在園內體驗各式豐富多彩的活動，樂而忘返。不斷創新的海洋公園也成為香港及東南亞最具獨創性與吸引力的一座大型園林。

海洋公園在2017年已過40歲生日，總計吸引遊客達1.4億人次，由開幕時的12個景點，發展至今已成為全球第13大的主題公園，還曾參與香港園藝花卉展覽，在2008年獲得“最佳展品園林景點”的金獎。

自從1999年香港迪士尼樂園開放以後，有一段時間海洋公園的遊人數量大幅下降，海洋公園也因經不起經濟的虧損而帶來的挑戰，將公園的形象、設施與活動進行了大幅度的調整，一度仿效迪士尼形象化的現象，尤其是在入口處製作了充氣的大型塑料唐老鴨等在空中飄蕩，播放喧鬧的爵士音樂以吸引遊人。

依筆者看，這是一種缺乏自信的表現，中國悠久的、具世界影響的優秀的中國園林文化，其內容的豐富、寓意的智慧都遠勝於西方，難道偏偏就敵不過西方的幾隻唐老鴨和米老鼠嗎？希望海洋公園能把住自己的方向盤，挖掘中華文化中可持續發展的取之不盡的園林文化遺產，繼續開拓自己獨特的園林之路。

※ 海洋公園之纜車

※ 海洋公園之海洋館（上）、蝴蝶屋（下）

※ 海洋公園之表演館

※ 海洋公園海豚表演

※ 海洋公園之集古村

※ 海洋公園之仿古船

※ 海洋公園之仿洛陽龍門石窟佛像（上）、電梯（下）

⊜ 香港迪士尼樂園

1955 年，美國有個名叫迪士尼（Disney）的卡通片商人，為了推銷卡通片的銷售，在美國洛杉磯市的聖達安娜高速公路旁，興建了一個迪士尼樂園（Disney Land），面積僅 30hm^2。但內容新穎而豐富，有美國大街、明日樂園、夢與童話、西部拓荒世界、熊之家、新奧爾良農場、冒險及浪漫世界等，形式多樣，色彩鮮艷，並提供遊人參與的娛樂活動。這些活動既有文化的內涵，又富科學幻想的理趣，一下子就打破了西方民主時代的純休閒式的公園模式（如英國的海德公園）而蓬勃地發展起來，從而成為獲得高額利潤的一種旅遊商品。

接着，於 1971 年又在美國的佛羅里達州興建了另一個迪士尼樂園，面積稍有擴大，為 43hm^2，並增加了高爾夫球場和度假村，同樣獲得成功。

後來，消息靈通的日本人，也於 1982 年在東京興建了一個迪士尼樂園，面積 46hm^2。它除上述兩個樂園的內容以外，加多了綠地的比重，栽種了數萬種樹木花草，鋪設了超過 20,000m^2 的草坪，其入園門票和美國相若，其效益也和美國的相近。

10 年之後，法國人也看到了這個可獲巨大收益的產品，在巴黎興建了一個面積更大，有 1,942hm^2 的迪士尼樂園，投資額為 40 億美元。如此規模的樂園，一時間當然具有轟動世界的效應。但在盛極一時之後，即由盛而衰，也遇到一個衰敗的時期。因為既是商品，就會隨着社會的發展變化，產生時空觀念的變動，需要不斷地開拓創新，才能維持這龐大商品的生存與發展。

香港的迪士尼樂園是 2005 年 5 月 9 日開幕的，它成為當時全球第五個、亞洲第二個、中國第一個迪士尼樂園，面積僅 126hm^2，投資 141 億港元。

香港是一個寸土寸金的國際大都會，選址成為首要的難題，經過相當詳細的比較研究，才決定園址選在大嶼山的欣澳竹篙灣。此地距香港新機場近，與正在興建的馬灣主題公園相距也不遠，更有中國內地 13 億人口的龐大市場，故在迪士尼樂園剛開放時，遊人火爆，一票難求，在亞洲獲得了巨大的轟動效益。

　　為甚麼香港迪士尼樂園如此受歡迎？除了上述的地理因素以外，主要是因為它的內容豐富多樣，一種異域文化的新奇感和那種超越時空觀念的吸引力所致，它主要有四個主題，分為美國小鎮大街、探險世界、幻想世界與明日世界，千奇百怪的形象與的士高的搖滾聲音，給遊人以應接不暇的刺激與歡笑，甚至令他們參與其中。這是迥異於中國一般園林的意境遊樂，也是一種異域文化的推銷商品，又恰逢當時在香港召開了一個世界貿易組織部長會議，故新奇的迪士尼遊樂的浪漫氣息而隨之波及境外。但這種盛況並未能維持至今，依筆者所見，迪士尼樂園的活動屬於一種特殊的文化產品，是一種商品，它會隨着時代的發展變化而沉浮，而園林，特別是中國的園林，所追求的是一些有益於城市人民日常生活的體能需求與精神文化的逸樂享受。如果迪士尼樂園能加重大自然（如山水、動植物等）的含量，並增加本土文化（如傳說、故事、詩情畫意）的提升，相信會使迪士尼式的樂園的繁榮持續下去，能使全民（含老年、中青年和兒童）都能遊樂其中，而不是一味地瘋狂與探險，不是一味地恐怖與尖叫，不是一味地幻想與浪漫……

　　迪士尼樂園是一種美國文化的宣傳，中國人也需要了解美國文化，學習美國文化。但中國文化與美國文化截然不同，作為一種文化符號的迪士尼樂園，如果不加入本地的文化元素是不會長期受到歡迎的。因為迪士尼樂園從它的誕生至發展都是作為一種文化商品出現的。它不會忘記能夠獲利的文化產品的賣點，而這個賣點一旦被意識到是對其外國市場的侵入或蠶食時，就會被反抗而衰落下來。這在巴黎迪士尼樂園興建時所遇到的"抗拒美國文化霸權的入侵"事件已得到證明。中國是一個具有五千年歷史的文明大國，有太多遊樂的題材值得我們去探索、研究並藉此努力去創造我們民族的樂園。

　　樂園的建設應屬於文化藝術的一種門類，正如國家領導人所言，"文藝不能當市場的奴隸，不要沾滿了銅臭氣"，更不必過多過熱地照搬迪士尼的原汁原味，而要深入研究中華民族遊樂的形式、內容與方法，創造出一種中國本土的遊樂園。創新是文藝的生命，相信以中國人的聰明才智，會和在其他科學文化領域的突飛猛進一樣，定能創造出一種新的中國式遊樂園，而且，不僅要從幾種元素來修改，而是要從本質與目的上去創新。當前，在中國處於偉大復興的時代，這個中國式遊樂園的創新任務，還是任重道遠的，但我們應有這個自信，一定要，而且也一定能創造出來。

※ 香港迪士尼樂園之酒店

※ 香港迪士尼樂園內景（上）、園內的唐老鴨（下）

※ 香港迪士尼樂園之遊船（上左）、雕塑（上右）和街景（下）

（四）馬灣公園

馬灣公園位於香港新界西藍巴勒海峽邊的馬灣島上，環境清幽，島上原有樹木亦相當蒼翠，公園佔地約 18hm^2。

公園的主題，是以基督教經典《舊約》上所述"挪亞方舟"的故事為主題。公園這一主題的倡議是由國際全備福音商人團契會長陳世強律師首先提出，亞洲歸主協會國際總幹事王一平牧師附議，經由香港新鴻基地產撥出 2.4 億元資金，於 1999 年 10 月開工建設，至 2004 年初步完工開放的。

香港的宗教是極其多元化的，然以基督教的經典故事為題材建立的大公園，則尚屬首次。這是基督教提倡世人為善造福的一大善舉，豐富了香港園林的類型，是繼香港海洋公園、迪士尼樂園之後第三個大型主題公園，其面積雖然不算很大，但分佈的位置及其內容則對香港的園林文化有着十分有益而獨特的意義。現在全世界僅有美國馬里蘭州威斯康辛有一個最大的"挪亞方舟"水上樂團，佔地面積達 70hm^2。"挪亞方舟"的故事，源於《聖經·創世紀》，是說上帝為懲罰人類的罪惡，大降洪水 40 晝夜，淹沒了地球上所有的土地，基督徒挪亞受到上帝的感召，製造了一個大方舟，載上每種動物雌雄各一，使生物歷史得以延續下去，拯救了人類。馬灣公園的主景就是一個巨形的大方舟，共有四層，佔地約 0.3hm^2，以聖經記載的藍圖定名曰"繽紛樂園彩虹船"。甲板上是彩虹噴水池、半露天的小劇場，上層為動物園、小劇場。中層為挪亞的工作室、展覽館、小影樓，底層則為餐廳。設想遊覽此處的主要對象是 10 歲左右的小朋友，故主要設置誘導性的教育內容。

除了主景方舟之外，公園裏更有豐富多彩的其他內容，比如天福藝苑——露天祈禱花園，四周以 12 塊象徵以色列 12 支派及 12 門徒的大石板環繞，中間為一塊祈禱手石雕，另有一個象

※ 馬灣公園（上）、馬灣公園柱廊（下）

徵聖靈的瀑布水池。此處為遊人提供一個靜修默思的場所，而不單止於祈禱。從這一點來看，也是融入了中國佛道教靜修的元素在內。

關於公園的內容，還有一種報導。在香港回歸祖國後的次年，首任行政長官董建華先生在施政報告中談到要將香港發展為國際的中醫中藥中心。而此時公園的主辦方新鴻基地產集團正在積極修建馬灣主題公園，也十分響應董特首的號召，將中醫中藥中心設在公園，建設中醫中藥旅遊村，在村內添置各種醫療設備，聘請名醫來港治療服務，也帶動了中醫產業的發展。這就為馬灣公園的發展增加了豐富的內容，提升了它的社會效應。

此外，馬灣公園還應作為孩子們走出課堂，成為他們進行通識教育的理想場所，因此，也增添了不少相關的設施與場地。比如：

通識學園（Liberal Learning Centre），集歷奇、生態、保育與大自然融合的戶外學習園地，透過一系列悉心設計的互動活動，讓孩子們在快樂的氣氛中學習，培養他們多元化的通識思維和靈活思考、身體力行的能力，做到使他們心扉打開，把多元知識裝進去，進入自己美麗的天空。同時通過一些設施使他們得到訓練，培養他們成為敢於表達、與人分享的生活態度，能發揮他們的無限創意與潛能，以提升個人的自信與團隊合作及領導能力，並具有正面價值觀念的人才。

一花一草一物都有其生命的奧秘，有導師給予講解、指導，增強其保護意識，這個園地的內容是十分豐富的，為此，還設有：

意中園（Sweet Garden），以 "一家人" 的雕塑，寓意嬰兒成長到戀愛的人生階段，設甜蜜小徑等。

金律廣場（Golden Mean Plaza），大自然有黃金比例，每一種生物都有其恰當的分量，展示大自然的和諧與力量。

鳥望台（Hilltop Lookout），有 100 隻用高科技支撐的"飛鳥"一直飛到山頂，氣勢動人，象徵着愛與和平。在地台上鋪上光纖，使飛鳥在夜空中閃爍着光輝，台上也有"大鳥"的雕塑。

古蹟館（Heritage Centre），在這裏展示出香港古蹟辦事處與中國科學院考古研究所合作考察發現的六個時期的遺物，最早有 5,000 年前新石器時代的碎陶片、墓葬及馬灣人骨，被評為"1997 年中國十大考古新發現"。現在這裏還保留了唐代的灰窯和清代的磚窯及人骨等。這些都可加強孩子們對古代的認識，了解自己祖先的歷史。

歷奇園地（Adventure Journey），有一系列的訓練設施，通過親身體驗，提升個人的自信或領導能力，培養正面價值觀，發展與人相處共融的人際關係。

小花園（Pocket Gardens），公園裏有許多小花園，如芝麻園、野蘭園、杜鵑花園、大陽花（向日葵）園、水澗園、南美園、香港花園、彩蝶園等，各具特色生態。遊人在大自然中進行"樹林浴"，可減少疲勞，精神煥發。

再生能源基地（Windmill Station），從科學角度認識環境保護的重要性，公園與香港理工大學合作，在園內開展再生能源系統的研究，主要以太陽能、風力發電、地熱系統、水力發電、生物生化處理等六個方面，做一些設施來表現能源的利用與環保的功能，極具科學價值，以培養孩子們的環保意識，增加其科學知識。

馬灣公園不僅是教人為善的具宗教信仰聖地特色的公園，也是歷史、文化、科學，乃至培養思想意識、生活態度等的場所，也是培養人才的教育基地。設計者用心良苦，做到了"寓教於樂"，是香港最完備、最優秀的現代化園林。

※"挪亞方舟"（上）和"挪亞方舟"船體（下）

※ 由船尾湧出的動物（上）、觀鳥台裝置（中）和 "一家人" 雕像（下）

第四章

香港園林發展
的里程碑——
九龍寨城公園

一 九龍寨城的
興起與沉落

寨城位置在 19 世紀時，緊扼海面，為海防重地，設有炮台。1839 年 6 月林則徐在虎門銷煙，11 月清軍與英軍爆發官涌之戰，是為鴉片戰爭之前哨戰。至 1846 年，時任兩廣總督的耆英奏請在此地築城牆，至次年 5 月即築成此"九龍寨城"。

12 年後，太平天國事發，突襲寨城，以後又有華洋衝突，滋事者逃往寨城，港英無奈，舉大鵬協副將張玉堂管理寨城。張提倡文明，搞清潔運動，倡導敬惜字紙，辦學校、老人院等。1898 年中英兩國又簽訂《展拓香港界址專條》，列明："⋯⋯九龍城駐紮之中國官員仍可在城市各司其職。"這樣寨城就成為英殖民地區內一塊特殊的中國領土，而這時的清王朝戰亂頻密，實無暇顧及寨城之事，以後也未再派官員駐守，使寨城完全成為一個"三不管"的地區。1931 年"九一八"日寇侵華，北方大批難民南逃香港入住寨城，建築房屋。1941 年 12 月香港淪陷，至 1944 年香港重光後，因國共內戰，內地又有一批民眾來港，在寨城內外興建住屋，引發官民衝突的"九龍城事件"。但中國官方仍拒絕英方對寨城的管治權。1949 年中華人民共和國成立後，仍有大量民眾湧進寨城。由於無人管理，發生了 1950 年 1 月的九龍城大火，波及寨城，損失巨大，英方一直想方設法欲拆卸寨城，又值中英建交的關鍵時刻，為免節外生枝，故仍置寨城於不顧。

總之，九龍寨城在近代以來，除張玉堂管轄的 1854—1866 的 13 年之外，一直是一處"三不管"的難民收容所，以致發展成為罪惡的溫床，黃毒、煙毒、賭毒兼有。直到 1984 年《中英聯合聲明》發表，確定中國政府恢復行使香港主權之際，中英雙方一致同意將寨城這一"毒瘤"全部拆除。在 1986 年拆卸之前，筆者曾提心吊膽地去觀光了一下，那時外面雖是陽光普照，而這一片高達 15 層的大型屋邨內，卻是暗無天日。稀少而微弱的路燈，幾乎使你感到伸手不見五指，頭頂上凌亂地懸吊着一大把水管、電線。在狹窄濕滑的小道上漫步，而水在頭頂上滴答，活像一個十八層地獄，好像隨時會出現鬼魅，場景恐怖，至路口後才見到一排無牌照的牙醫診所。除了幾處古蹟外，寨城內幾乎完全沉淪為一處罪惡的淵藪。

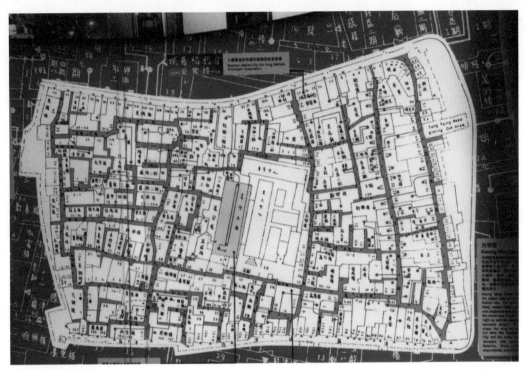

※ 原寨城平面圖

※ 原寨城模型

※ 九龍寨城舊貌

※ 拆除前城內牙科診所（左）和寨城巷道（右）

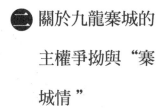

關於九龍寨城的主權爭拗與"寨城情"

自從 1846 年由清朝時任兩廣總督耆英興築城牆以來，迄至 1984 年《中英聯合聲明》簽訂之後，圍繞寨城在中英之間，以及之後的官民之間，都引發了各種各樣的爭拗。核心問題都是因主權不定。原香港資深報人黃文放先生曾很透徹地敘述了這一段獨特的歷史：清代的九龍司隸屬寶安縣，管轄範圍包括香港島、九龍、新界和深圳，直達布吉。1842 年簽訂《南京條約》割讓香港島，沒有觸動九龍司衙門。1860 年簽訂的《北京條約》割讓九龍地區，幾乎直達九龍寨城的城牆，但仍然沒有觸動寨城衙門。直到 1898 年簽訂《中英展拓香港界址專條》把現在的新界地區租借給英國 99 年，也就包括了九龍司的衙門所在地在內。

滿清皇帝可以把大幅土地割讓出去，卻不可以放棄這個僅僅兩三個足球場那樣大的衙門所在地，因為這涉及皇帝的面子，故在這個《專條》中，說了一句："所有現在九龍城駐紮之官員，仍可在城內各司其職。"這就成了歷屆中國政府確認寨城主權的"依據"。而英國人也不服，就補充了一句："唯不得與保衛香港的武備有所妨礙。"並在第二年就找了個藉口，把寨城內的中國官員趕走，故寨城的主權糾紛持續了 90 多年。如從決定拆卸的 20 世紀 80、90 年代來看，城寨居民的態度，與此卻有巨大反差。

這從香港著名作家杜國威先生所創作的大型原創音樂歌舞劇《城寨風情》中可看出，城寨的拆卸，代表着新香港的開始，城寨的以往，將成為歷史的回憶與痕跡。城寨居民幾代人的悲歡離合，是非恩怨，反映出城寨這一小塊地方有繁華，有黑暗，有罪惡，也有和諧，共同進退，息息相關，但是，時代的潮流不可阻擋，城寨的拆卸，換來了一片光明的新天地。中國傳統式的公園，不僅為香港奠定了本土意識，數百年生於斯，長於斯的一群孩子，也終於回到祖國的懷抱，可以興奮地耍樂和遊嬉。

三 寨城公園的
定位

在 1984 年簽訂的《中英聯合聲明》中，中英雙方都同意在原地興建一個公園，但興建怎樣的公園則沒有明文規定。當時港英政府建築署的主管為英國人，他提出要建一個如倫敦海德公園式的公園。事隔數年後，該主管離任，由中國官員接掌建築署，署長為鮑紹雄，副署長為陳一新。他們二人都是建築專家，最後由陳一新提議此公園應建成中國傳統式的公園，此建議得同仁的一致贊同而確定下來。

中國傳統園林，除北京的皇家園林以外，以江南園林為勝，於是建築署立即組織了（以黃兆鈞、容振偉為首的）5 位對中國園亭文物素有研究的建築專家遠赴蘇杭、揚州、無錫等園林名勝之地調研。之後，經過無數次的探討商議，最後決定將清代初期中國園林黃金時代的園林特色與風格，引入到寨城公園的設計中來。沒想到，這一定位的設計當時在德國舉行的世界園林博覽會中，竟然獲得了最佳設計獎。此後，該設計的施工及各項實施任務，就確定由謝順佳高級建築師負總責並組織其他工程，園林植物、堆疊山石的專家、技工等共同作進一步的實施設計與施工。每一處的設計與施工都貫徹了回歸祖國，以及呈現寨城歷史滄桑的劃時代意義與精神，終於使寨城公園的建設，成為香港園林建設發展中的一個重要里程碑。

※ 寨城公園設計專家組

（四）寨城公園的 開幕

在香港寨城街區的舊址上，一座面積達 3.1hm² 的寨城公園於 1995 年 12 月 22 日開幕了！這座迥異於香港其他園林的公園，修建在一個具有特殊紀念意義的地盤上，而且它又是目前除內地以外新建的一個面積最大的中國傳統式公園。

翻開寨城的歷史舊照，看看眼前的這個公園，真有"蕭瑟秋風今又是，換了人間"之感。寨城公園的誕生，在香港園林建設史上，無疑揭開了劃時代的一頁。1996 年 3 月中英聯合聯絡小組的中方代表們也來公園視察。

筆者一行人曾到園遊賞，只見園內亭台樓閣相望，山池流水蜿蜒，峰石玲瓏剔透，花草樹木茂盛，那起翹的建築，那粉牆灰瓦的色調，那曲折迂迴的長廊……在小橋流水之間，隱現出的處處痕跡中，滲透着種種靜態遊賞的文化內涵，在全部人造的園林中，反映出悠悠大自然的手筆，真有"不是江南，勝似江南"之感。

何謂勝？首先是本園的文化特徵勝，公園中心的衙門建築群，整舊如舊地完整保存並修葺，內部仍保留了當時主管官員的墨寶懸掛於牆壁上。在整個公園內，大致按原來的方位沿用舊街名，如龍津街一巷、二巷、光明路……並根據歷史事實及歷史人物的事蹟，新建了敬惜字紙亭、龍津亭、玉堂亭、魁星亭、龍南榭、邀山樓、竹桐軒以及與之相配的溪堂、橘中秘亭、童樂苑等，又利用新舊碑刻、建築楹聯、殘存的城垛、題刻命名等集中突出地表現城寨的歷史文化。

與此同時，還增添了比弈的棋壇、練功的六藝台，以及觀山（獅子山）賞月的邀山樓，在這裏還可探索香港的義學之源以及基層民眾文化的風貌。

其次，公園既保存了江南園林的設計手法，又開拓了新的意境。因為寨城公園面積大，不宜以過多的建築物來分隔空間，於是通過微地形的改造，在小丘上或植以大樹形成"山林"，或栽植花灌木形成"花崗"，且有小徑迂迴其間。這樣既避免了西方造園中那種空曠大草坪的感覺，又能使遊人感到大自然的生態氣息。公園裏栽植了數以萬計的樹木花草，基本上可以感受到四季的公園植物景觀，表達了將大自然引入"石屎森林"的環保意識。

寨城史料中有"灰瓦混牆挑綠樹，江花青草踩石城"之句，於是在公園內設置了一處精緻的園中園——廣蔭庭，突出表現"四季同馨"的景觀。園門之內，別有洞天，而寨城公園的"八景"中尚有"八徑異趣"一景，專門設置了八種植物為主的玉蘭花徑、紫薇花徑、石榴花徑、香花徑、紅葉（變葉木、烏桕樹）徑、蕉樹徑、竹徑、松徑，遊人漫步其中，可產生一種"林中穿路"、"花中取道"、"竹中求徑"的感覺，只可惜位於廣蔭庭東側沿牆的一條竹徑，因有人不喜隱蔽的意趣，將竹徑改為綠蘺道了。同時，樹木的生長效果，需假以時日和良好的養護條件，否則就難達到理想的意境。筆者曾經為寨城公園的植物景觀作過一番思考，由於種種原因，未能全部實現，將在下一節呈現出來，以備大家體會其生態之美。

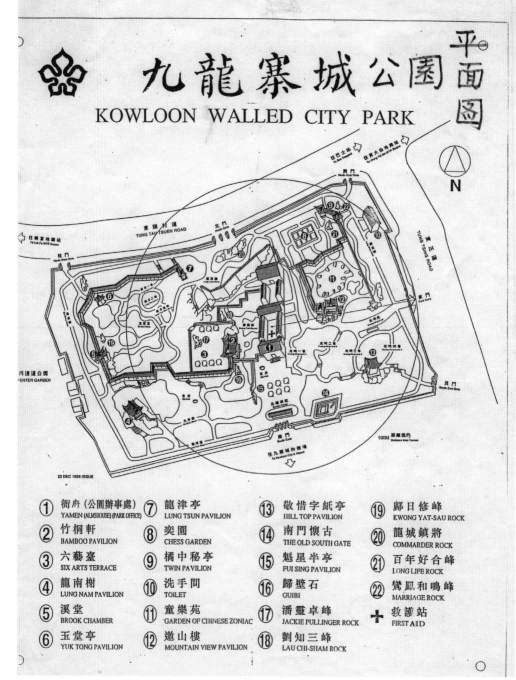

九龍寨城公園 平面圖
KOWLOON WALLED CITY PARK

22 DEC 1995 ISSUE

① 衙府 (公園辦事處) YAMEN (ALMSHOUSE) (PARK OFFICE)	⑦ 龍津亭 LUNG TSUN PAVILION	⑬ 敬惜字紙亭 HILL TOP PAVILION	⑲ 鄺日修峰 KWONG YAT-SAU ROCK
② 竹桐軒 BAMBOO PAVILION	⑧ 奕園 CHESS GARDEN	⑭ 南門懷古 THE OLD SOUTH GATE	⑳ 龍城鎮將 COMMARDER ROCK
③ 六藝臺 SIX ARTS TERRACE	⑨ 橘中秘亭 TWIN PAVILION	⑮ 魁星半亭 FUI SING PAVILION	㉑ 百年好合峰 LONG LIFE ROCK
④ 龍南榭 LUNG NAM PAVILION	⑩ 洗手間 TOILET	⑯ 歸壁石 GUIBI	㉒ 鸞鳳和鳴峰 MARRIAGE ROCK
⑤ 溪堂 BROOK CHAMBER	⑪ 童樂苑 GARDEN OF CHINESE ZONIAC	⑰ 潘靈卓峰 JACKIE PULLINGER ROCK	✚ 救護站 FIRST AID
⑥ 玉堂亭 YUK TONG PAVILION	⑫ 邀山樓 MOUNTAIN VIEW PAVILION	⑱ 劉知三峰 LAU CHI-SHAM ROCK	

※ 九龍寨城公園平面圖

※ 九龍寨城公園俯瞰圖

※ 九龍寨城公園之龍南榭（上）和敬惜字紙亭（下）

※ 九龍寨城公園之邀山樓（上）、童樂苑及其旁邊陳列的十二生肖（下）

※ 九龍寨城公園大門

※ 九龍寨城公園碑記

※ 張玉堂拳書

※ 魁星半亭（上）、鑲嵌有原石刻對聯的魁星半亭背面（下）　　※ 九龍寨城原龍津義學石刻對聯

※ 九龍寨城公園之"海濱鄒魯"牆壁（上）、聯廊（下）

五 寨城公園植物配置藝術

1. 植物配置原則

寨城公園是在一個特殊的地區和一個關鍵的時刻興建起來的。它的設計標誌着一種歷史性的變革與現實性需要的統一。在建造一個江南傳統風格並具教育意義的園林設計總理念的指導下，植物配置所遵循的原則是：

尊重城寨歷史上有關植物的記載。遺憾的是，在城寨的原址上，沒有留下一棵樹木，而關於植物的記載，也僅僅是詩文楹聯中的鳳毛麟角。

發揚中國傳統園林風格中以植物表現出詩情畫意的特色，實現"植物造景"的意念。

寨城公園的植物景觀既要與香港其他公園有所不同，也要迥異於城市中一般街道、屋邨的綠化，這特別表現在植物選擇上應與眾不同。但由於受季候、苗木供應以及設計過程反覆的影響，目前的樹種，難以完全反映江南的植物風格，不少樹種也流於一般化。

植物配置的手法，考慮到時序（即春夏秋冬四季季相）的變化，並運用若干傳統園林植物配置的程式來增加植物配置藝術的吸引力。

2. 植物景觀分區

寨城公園面積達 $3hm^2$，根據總體的規劃設計，將用地劃分為春、夏、秋、冬各季植物景觀為主的區域。

東北地區以童樂苑為主體，兒童們有如植物中的蓓蕾；而義學亭意味着辦學有如桃李滿香江，因此，取意於蓓蕾放綻、桃李爭春，確定為春景區。主要樹種有桃花、迎春、杜鵑、白蘭花、火焰木等。

西南地區以大水池、瀑布及龍南榭為主體，"水中植荷"、"堤灣宜柳"是江南傳統園林植物配置的常見手法（或"程式"），故取意於柳林深處，曲水荷香，確定為夏景區。主要樹種有垂柳、荷花、睡蓮、合歡、紫薇、石榴、芭蕉、荷花、玉蘭等。

西北地區為全園最高處，居高臨下，俯瞰園內迴廊曲折、溪澗幽邃，今昔對比，感慨良多，故立意於瑟瑟秋風，霜落葉紅，而確定為秋景區。主要樹種有楓香、山烏桕、銀杏、桂花、月季等。

東南地區以敬惜字紙亭為中心，周圍山巒起伏，曲徑迂迴，規劃中定為松崗，自然是以各類松樹為主，並配以竹類及梅類，取意於松竹偕梅，歲寒伴石而確定為冬景區。主要樹種有山松、愛氏松、羅漢松、雞翼松、佛肚竹、梅花、山茶等。

以上四區，隨着時序的推移，四季景觀各不相同，但在春景區亦有少量的夏景植物，秋景區亦有少量的春景植物，以避免產生偏枯偏榮的現象，使各區四季均有植物景觀可賞。

3. 四季同馨——廣蔭庭的植物配置

全園中心部分緊臨大鵬協府（即舊衙門）的廣蔭庭，是一個四周以粉牆圍成的庭院空間，堪稱園中之園，面積約 $1000m^2$。據歷史記載，近此處的通道門聯有 "灰瓦粉牆挑綠樹，紅花青草踩石城" 之句，結合此庭在公園總體規劃中的構想，其植物配置可遵循以下要求：有 "廣蔭" 而無局促之感，蔭下宜疏朗，故不宜大量栽植遮擋視線（約 1.5m）的灌木；尊重歷史的記載，以紅花為主；多栽香花，因為在院落中種香花，可保持香氣溢於有限的空間範圍之內。

根據全公園植物配置分區設想，此庭宜以四季景觀皆美為主。（詳見廣蔭庭四季季相平面圖）基本上達到 "紅花為主，香飄四溢、滿庭廣蔭、四季有景" 的要求。或以植物名稱編出 "廣蔭庭四季花歌" 以饗遊人：

春季裏來白蘭開，桃花謝過杜鵑來；

要說艷陽天色美，暮春降雪桐花繁。

夏季裏來紫薇開，舊花未謝新花來；

鳳凰嬌艷紅如蓋，蔭庭最是廣玉蘭。

秋季裏來桂花開，滿庭四溢夜香來；

銀杏經霜黃葉落，芭蕉相映九里香。

冬季裏來緬梔開，"紅蛋"山茶一齊來；

青竹碧竹加南竹，幽篁一線映丹丸。

4. 八徑異趣

園林中的道路，主要不是為了交通，而是導遊，遊覽路線的植物配置，不能像城市街道那樣等距離地在路旁種樹，而是要形成一種"林中穿路"、"竹中求徑"、"花中取道"的特殊徑路，使遊人循着園路遊覽時，不時地進入一些獨特而鮮明的大自然植物景觀環境，以增添遊覽的情趣。

根據公園總體規劃及植物景觀區佈局，在全園設置了8條長短不一的植物徑路（20-40m）。

a. 玉蘭花徑：北方的玉蘭花為落葉喬木，花大而白，香味如蘭。早春光葉開花，故有"綽約新妝玉有輝，素娥千隊雪中圍"的讚譽；而南方的玉蘭花則為常綠喬木，花白而長，香氣最烈，以之栽於徑路之旁，遊人穿行其中，益增情趣，故曰"蘭徑吐芳"。

b. 紫薇花徑：紫薇是落葉喬木，樹幹無皮，色黃光滑，花有紅、粉、淡紫等色，自夏至秋，常開不敗，又稱"百日紅"，古有"紫薇開最久，爛漫十旬期。夏日逾秋序，新花續故枝"之句。花形集小成穗，微風吹拂時，嬌艷舞動如雲，故曰"薇徑奪雲"。

c. 幽篁徑：廣蔭庭內沿東牆有一條長約25m的青皮竹徑。青皮竹是一種叢生竹，桿直立、密集，高可達9-12m，頂部彎曲或略向下垂，使這條小徑空間，萬玉森森，幽篁蔽日，直通園門，故曰"竹徑通幽"。

d. 花香徑：在秋景區的西北迴廊兩側，栽植香花樹木如桂花、

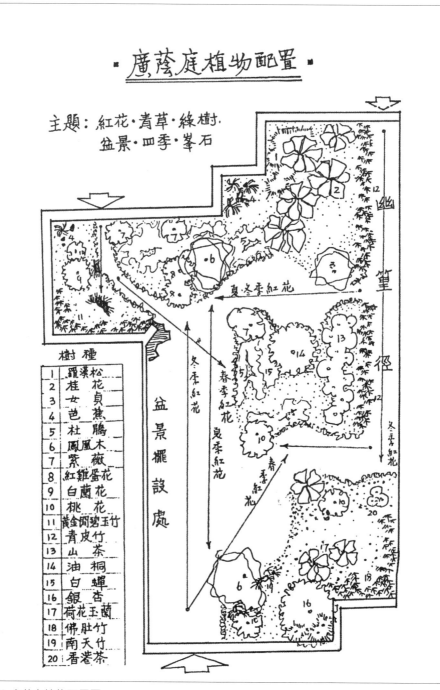

廣蔭庭植物配置

主題：紅花・青草・綠樹・
　　　盆景・四季・峯石

樹 種		
1	躍漢松	
2	桂花貞	
3	女貞	
4	芭蕉	
5	杜鵑	
6	鳳凰木	
7	紫薇	
8	紅雞蛋花	
9	白蘭花	
10	桃花	
11	黃金間碧玉竹	
12	青皮竹	
13	山茶	
14	油桐	
15	白蟬	
16	銀杏	
17	荷花玉蘭	
18	佛肚竹	
19	南天竹	
20	香港茶	

幽篁徑

盆景擺設處

夏冬季紅花
冬季紅花
春季紅花 夏季紅花
冬春季紅花
春季紅花

※ 廣蔭庭植物配置圖

※ 松徑

※ 玉蘭花徑

※ 幽篁徑

※ 紫薇花徑

※ 石榴花徑

※ 蕉葉徑

九里香、夜香樹、文殊蘭、含笑等，主要栽植於廊的南面及東面，而廊的另一面，因靠近園牆，為使遊人視線向園內移展，栽植一片竹林，遮擋視線並作為香花植物的背景與襯托，故曰"香徑映竹"。

e. 紅葉徑：為突出秋景，設計了一條葉變紅或本身葉色即為紅色的紅葉徑，種植了葉大而在冬春季變紅的大葉紫薇，配以山烏桕，以紅背桂、紅桑作地被，加強紅葉的氣氛，大葉紫薇的葉紅期是在秋色紅葉已落之冬春之際，故此徑曰"葉徑追紅"。

f. 蕉葉徑：芭蕉葉大而形態具有特色，頗有一種鄉野的氣息，加種若干南方特有的旅人蕉，以及低矮而花色多樣的美人蕉，滿種於小徑，則遮天蔽日，濃蔭馥郁，故曰"蕉徑蔽日"。

g. 石榴花徑：石榴為落葉灌木或小喬木，夏天開花，橙紅色，明艷如火，又名火石榴。唐人有"海榴紅似火，先解報春風。葉亂栽篓綠，花宜插髻紅"之句，寫出了石榴的開花時間、色澤與聯想，以之成徑，平添夏色，故曰"榴徑似火"。

h. 松徑：在松崗上栽植大喬木山松、愛氏松、雪松、羅漢松以及覆地的雞翼松等，由於松樹的冠葉擴展，頗有一種"松徑含煙欲遮天，徑路穿雲似掩簾"的感覺，在松林中設徑，故曰"松徑含煙"。

5. 入園有別

大門和入口是公園的標誌和通道，寨城公園面積大，又處於交通頻繁的市區，入口多達七處，正門則位於南、北、東三面，在公園的四角仍有出入口。這些入口的大門和小門的建築設計本身均有不同的特色，而其植物配置亦應各有不同，加強各有特色的環境氣氛，並具識別之用。

南大門是公園的主要入口，入門右側就是公園十景之一的"南門懷古"，故南門植物選用香樟、榕、銀杏、錐栗等高大、長壽喬木,只在邊角配以少量的梔子、含笑等常綠香花權木形成古樸濃蔭的氣氛。

北大門則因有一組黃石大假山橫貫於大門之內,起着屏障的作用,植物選擇高聳的木棉、銀樺、木油、洋紫荊等大喬木,以加強黃石假山剛勁的"英雄"氣勢,配以若干春季開花的杜鵑及秋花等植物,表現剛中有柔,並示意此門位於春、秋景區之間。

東大門緊臨松崗,在一片蒼翠的松林之前點綴大門的則正是松崗小道的梅花、山茶花等冬春季的花木,可加強色彩對比,表現冬景為主,配置自然,設有人工雕琢的設施及小品,體現出一種幽靜、林深的大自然意境。

其他四角邊門則分別選擇春、夏、秋、冬四季的觀賞植物,以吸引人進入某一景區,故大門及入口的植物配置藝術構思可歸納為:

> 南門懷古弔石城,樟榕銀杏蔭碑文;
> 北障黃山英雄木,幾樹遮天別樣紅。
> 擁翠蒼蒼樂遊人,東入幽林覓勁松;
> 春夏秋冬花四季,南北東西樹不同。

6. 建築物旁的植物配置

公園內建築有一府、二井、四屋(軒樓堂榭)、五亭,迴廊相連,疏密有致,建築風格均為江南的傳統形式,植物配置亦常當與之協調。但由於香港與江南的季候差異甚大,江南的一些樹種在香港無法生長,故以形態相似者代替。如前述以綠的白蘭花代替在江南落葉的白玉蘭等,其實,植物的配置也應反映地方特色的。

大鵬協府是原來的舊衙門,是公園中唯一的古建築群,府內院落較小,不宜栽植樹木,但在府門外,則栽植有香樟、細葉榕、紫

※ 九龍寨城公園內景

※ 九龍寨城公園之紫薇徑（上）、蕉葉徑（下左）、園門旁的紫薇樹（下右）

檀等高大喬木，簡潔而整齊地襯托着古建築。古井之旁，則栽植民間常見的香樟、龍眼、石栗、苦楝等，不栽植裝飾性的灌木，只栽遮蔭的標誌喬木，且以常綠者為多。

竹桐軒當取"竹露煎茶松風揮塵，桐雲讀畫蕉雨讀詩"之意，栽植各類竹叢，尤以較雅致的紫竹、方竹、黃金間碧玉竹為主，以梧桐、松樹及芭蕉點綴之。

邀山樓附近則取"縱目獅山遠，迎首明月高"之意，圍繞着觀山、賞月的主題，栽植桂花、夜香樹、含笑、藍花楹、銀杏等。

溪堂處於秋景區，除栽植楓香等秋色樹種外，水旁也栽植了

※ 九龍寨城歸壁石峰（左）、園內小徑（右）

水石榕、長春海棠、桃花、垂柳等春景植物。溪流之旁則以寶巾掩映流水還栽植若干草本的射干、萱草、鳶尾蘭、蚌花潤飾溪流。

龍南樹臨水而建，當以柳條拂水，桃紅柳綠的景觀為主，遠水之坡則成片栽植水杉以及串錢柳等。

敬惜字紙亭位於松崗之巔，周圍環繞着松竹梅，以喻冬景區的歲寒之意，松崗之西北，還栽植若干白千層樹，此樹皮是造紙的好原料，籍此向遊人宣傳樹木造紙、惜字的知識。義學亭為紀念義學而設，無疑應寓意於"桃李"，由於香港極少李樹，故以紫葉李代之。龍津亭有渡口、近水之意，則栽植魚木、藍花楹、耳葉相思等。玉堂亭為紀念大鵬協副將張玉堂而名，運用諧音的傳統方法，

※ 九龍寨城廣蔭庭園景

應栽植玉蘭和海棠，現在則以荷花、玉蘭、長春海棠代之。魁星亭有宗教、占卜的意味，其周圍栽植菩提樹、朴樹、海檬果、山茶等。

總之，建築物的植物配置，一定要與建築物的性質及形式相配合，或取其意，或配其形，使之具有優美的構圖及深刻的內涵以取得較理想的藝術效果。

此外，值得說明的是由於植物配置工作進程中的曲折，目前的栽植現狀是經過前後三四位設計者之手，待最後由筆者參與時，園內已種植了不少樹木。目前，這些大樹已經生根，移植較難；同時，受原有已購樹苗（八萬餘株）的限制，由於種類不合設計要求，難以體現上述植物配置的原則與意念，又不可能再花過多的經費去尋找所需苗木，因此，只得遷就現狀，造成了以下幾處難以避免的情況：

a. 弈園的植物配置較呆板，需要改造，勢必損壞一些已經生根的大苗木，如荷花、玉蘭等等。

b. 秋景區因設計不統一，樹種及其配置都比較雜亂。

c. 按松崗的設計，本應全部栽植松類，才可形成"松林的氣候"，但由於松樹不夠數，如因重新去外地購苗則又失去了時機，只好改用白千層。這樣就大大降低了松崗設計的韻味。

d. 竹桐軒旁的植物配置，理應以竹叢和梧桐為主，但在緊臨竹桐軒的六藝台上，卻栽植了銀杏和大葉榕，與建築名稱不符，而且均為落葉樹，到了冬季，可能會顯得凋零，故只好在軒旁兩側補種梧桐、竹日、山茶、竹叢；右側斜坡上，加種常綠喬木白千層，略補冬季的綠色。

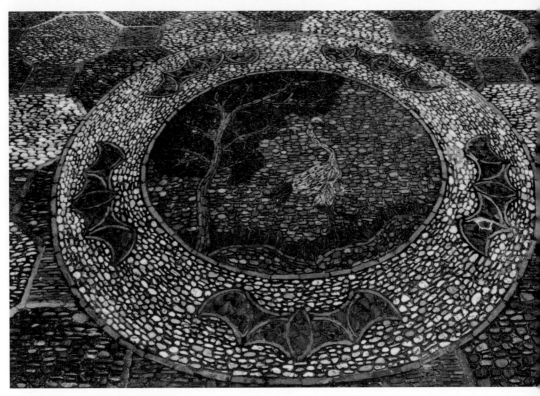

※ 九龍寨城公園地面石拼松鶴圖

試探討寨城公園之設計方向

設計寨城公園，鑑於經濟，歷史、地方和人文之關係，大應以智取，而不可力取。力取者，求形似；智取者，求神似。然小處可力取，求形似以補神之不足。

曩今設計之道，有二法門：一曰以形寫神，二曰以神寫形。前者是力取，後者是智取，各有長短。何謂以形寫神？有三法：移殖法，原物移位。抄仿法，古物仿製。勘修法，勘查修補是也。

何謂以神寫形？有二道：一是邇想之道，古意新做之意。二是妙想之道，新意點景，俗謂妙想天開者也。

環顧港九諸園，多是嬉戲休息於工課之餘，鮮有於教育、智慧誘發者。又多是維修苦多，鮮有以天趣為勝者也。

夫寨城公園，城寨為古，公園為今，渾為一體，不該刻劃彼此。有古意者，有新意者，有古物者，有新物者，目的為一，為人民服務是也，而非斤斤計較於學術門戶焉。

壬申之冬

謝順佳並記於金鐘軒

香港九龍寨城龍津木橋碑記

天下事有致力於此而收效輒及於他事者，其機不數覯，要惟好行方便者往往得之。九龍濱海龍津石橋，創於同治癸酉，問津者咸便利之。顧地為巨浸所朝宗，潮汐往來，沙磧多停蓄，自成橋後，歲月積漸，滄桑改觀，邇來橋之不逮於水者，殆猶今之視昔焉。於是商於是地者，謀所以善其後也。仿招商局碼頭之制，續作橋廿四丈，又於其端為丁字形，寬一丈二尺，其制精而其費較省，且易石為木，泊船時亦無兩堅激撞之患，其為用亦更適，計麋題捐洋錢一千七百有奇。至渡港小輪船以斯橋之利其載運也，每船願月輸碼頭租銀若干。會樂善堂施濟所需，捐款不恆，至僉謂碼頭租款宜屬之樂善堂，永資挹注，蓋藉斯地之財，即以濟斯地之用。實一舉而兩善具焉。昔莊子有言：以鹵莽耕者，天即以鹵莽應之；茲則以方便行者，天亦以方便應之，人事所感，即天心所感，即天心所錄，斯可以識其大凡矣。是不可以不記，且為之銘曰：長虹飲川，波湧雲屬，架木為樑，用栲靐足。

香港九龍寨城龍津石橋碑記　　何淡如作、洗斌書

新安地瀕邅海，九龍山翠，屏峙南隅，環山居者，數十萬家。自香港埠開，肩相摩，踵相接，估船番舶，甲省東南，九龍趁集日夥。蜑人操舟漁利，橫流而渡無虛期，地沮洳阻深，每落潮，篙師無所逞。同治歲癸酉，眾釀金易渡而樑；計長六十丈，廣六尺，為磉二十有一，麋金錢若干，光緒乙亥橋竣。夫除道成樑，古王遺軌，然工程兮集，往往道潰於成，謀夫孔多，職此之咎。今都人士，一乃心力，以告厥成功，使舊時澱滓之區，成今日津樑之便，垂之綿遠，與世無窮，此豈地之靈歟，抑亦由人之傑也。銘曰：叱靐橫漢，駕鵲凌霄，在天成象，在地成橋。杖擲虹飛，受書溪曲，抑桂攀丹，垂楊掛綠。斬蛟何處，騎虎誰人，高車駟馬，於彼前津，石昏神鞭，杵驚仙橋，乘鯉江皋，釣鯨煙島。帽簷插杏，詩思吟梅，風人眺覽，雪客徘徊。繫彼雌霓，臨江炫彩，矧此滄溟，樓船出海。乃邀郢匠，乃命捶工，絙牽怪石，斤運成風，投焉完隄，斷黿支柱，未雲何龍……

香港九龍城《龍津義學》壁上敘文

有因時制宜者出，相機勢，備經營，即事求治，而招攜懷遠之意，以寓蓋世經濟之才，如此其難也。粵東素稱樂土，人文與中州相埒貨財之所萃薈，番舶之所駢集，富庶又甲於他省。新安地濱海邊，邑縣有官富司，猶濱海邊司耳。然衣之喬曰邊，器之羨曰邊，器敝自羨始，衣敗自喬始，則凡官邊地者，靖共厥職，宜什伯中土，而厭薄之，獨何心歟？道光二十三年，夷務靖後，大吏據情入告，改官富為九龍分司，近宜於遠，築城建署，聚居民以實之，雖備內不專為禦外，而此中稟承廟謨計安海宇，誠大有濟時之識於其間，而非苟為勞民而傷財也。今年余奉調視事巡檢，許君文深來言，有龍津義學之建，副將黃君鵬年，通判顧君炳章，喬大令應庚及君許捐銀若干為經始地，租歲可得若干以資生徒，仿古家郙之制，擇其尤者居焉，人必胥奮。嗟呼，此真即事求治，能以無形之險，固有形者也。今國家民教覃敷，武功赫濯，無遠弗屆，九龍民夷交涉人情重貨寶而薄詩書，有以舞作興，則士氣既伸，而外夷亦得觀感於弦誦聲明，以柔其獷悍之氣，所為漸被邊隅者，豈淺鮮哉？落成，司人以文請，既滋愧許君能助我不逮，而重為司人深無窮之望也。記之俾勒於石。

新安縣知事　王銘鼎作

道光廿七年

按：建築壯麗，似"貢院"，門前有小廊，拾級而上，左右有石柱石凳，門旁聯曰：

其猶龍乎，卜他年鯉化蛟騰，盡洗蠻煙瘴雨；

是知津也，願從此源尋流溯，平分蘇海韓潮。

建築分三進，前進左壁嵌《九龍司新建龍津義學敘》；中進為院落，後進為講堂。對面大照壁"海濱鄒魯"每字五尺見方，旁有魁星閣，二層高丈餘，光緒廿三年建。

義學有如鄉公所，各鄉長均來此會議。而義學別為公立的高、初兩級舉辦。

香港九龍城　敬惜字紙銘

文帝教人，敬惜字紙，陰騭文中，力闡厥美。自古名賢，惜者凡幾，食報榮身，實膺福祉。桂藉一書，彰彰可紀。乃有愚夫，任其拋棄，或拭灰塵，或包餅餌，或糊窗欞，或置床笫，甚至穢污，殘踏踐屣。疾病災殃，其應甚邇。余本書生，投筆而起。雖云荒經，時還讀史，從仕卅年，謬膺重寄。敬字築爐，隨處悉備。茲任九龍，倍深克己。地逼夷樓，如履虎尾，篤敬可行，聞諸夫子，單騎赴盟，艱險不避。六載從公，冰淵自矢，戎政餘閒，偶遊鄉里。見字多遺，行行欲止。拾歸焚之，願稍慰矣。惟是四方，街衢巷市，撿拾需人，必求專理。披閱輿圖，有地尺咫，築舖捐廉，義學鄰比。龍泰為名，賃租積累，撿字僱工，費出於此。督造雙爐，在寨城裏。外建一亭，重廊迴倚。石柱雕簷，匠作豈侈。工人攜籃，往來迆邐。土掩沙藏，業殘破毀，撿拾勿遺，須惜寸晷。浣之香湯，曬之淨几。付之靈煙，歸之海涘。工如怠乎，吾則更爾。亭爐已成，私心竊喜。嵌壁大書，揮之以指。惜字有銘，莫嗤鄙俚。伏望群公，體僕斯旨。久而行之，功德無已。

咸豐九年歲次己未仲秋

署大鵬協副將　張玉堂指書

（潘孔言）按：銘中有"地逼夷樓，如履虎尾，篤敬可行，聞諸夫子，單騎赴盟，艱險不避"句，蓋對香港而言也，時香港已割歸英方，但九龍寨城仍得由中國設官管治，張副將即受命而來之守官，故有如是云云也。

厥後英軍擴展至新界。錦田村民起而反抗，英方認為中國駐官協助不力，乃迫逐之，九龍寨城自此時後，始不復有官駐守，成一廢城，人事代謝，滄桑興感，撫今追昔，能忽慨然？

拆遷時寨城居民貼的大字報

城砦 —— 我們的國家、故鄉、家園

鴉片戰爭打敗仗。香港投降，城砦不投降，香港割讓，城砦不割讓！

啊！城砦你一身傲骨，堅強為鋼！

一百年來，你始終是中國的國土，你始終是中國的土壤。

殖民者橫行也不敢踏進一寸土，殖民者霸道也不敢接近你的身旁，因為你是偉大的國土，神聖的國疆！

中華同胞在這裏休養生息，就像在祖國的懷抱、母親的身旁，只要不是喪盡天良，都會承認：城砦是我們的國家，城砦是我們的家園和故鄉！

城砦 —— 是勞苦大眾的"樂土"

有人說，城砦是長在香港身邊的"毒瘤"。我們說，城砦是勞苦大眾的"樂土"。

我們用半輩子心血在這裏落腳棲身，雖然環境差些，但不用交貴租，因為是中國的地方，沒有差餉、物業稅之苦，地權也永遠永遠為己所有，沒有年期的限制，沒有補地價之憂。就是失業，麵包、公仔麵、鹹魚、豆腐、白菜仔，也可頂一段時期，總有個安全感和歸宿感。至於其他租客，僅用一千幾百元就可以租到一個單位，供一家十口八口的住宿，亦比在外面交貴租好得多。所以大家逍遙自在，心安理得，早出晚歸，艱苦奮鬥。

多少赤手空拳的新移民。在這裏找到了落腳點，從城砦起步尋找理想的未來。

城砦——是勞苦大眾的"樂土"，

是勞苦大眾的"天堂"，

閱盡港九春色，風景這邊獨好！

用血和淚建起的家園

城砦的老業主，一聲血、一聲淚地常說往事：當年都帶着妻兒流浪街頭，無家可歸。天橋下我們安過家，馬路邊我們露過宿，公園裏我們曾過夜，多少淒風苦雨，多少漫漫長夜。

餓一餐、飽一餐，半飢半飽又一餐。大人去做工，小孩在街上流蕩，一分一角，一元兩元地聚，一年二年，一代二代地捱，大人捱到白頭翁，小孩也捱成了中年漢。多少血，多少汗，多少辛酸的淚水，捱了兩代人，才買了一層樓避風雨，新業主也用了十多年的血汗，捱更抵夜，省吃儉用，才買了個單位棲身，我們的家園是用血和汗一代接一代地建起來的。

（歡迎轉抄）

中國地方，按中國政策辦事

香港是殖民地。城砦是中國神聖的領土。正因為這樣，城砦才有今天的面貌。不是嗎？請看，中國輸送來的水，城砦人沒有資格享用，城砦的架空管道險象橫生。聽之任之，高空拋垃圾，沒有人檢控，不聞，不問，不理……一切的一切，都說明這是另一個國家，另一個世界。

現在說是中央政府協議為了改善城砦人民的環境，為了香港的繁榮安定、為了城砦人民的利益，要清拆，要移民，是禍是福還不可知。

但中國政策，我們卻要堅持。中國解放以來建水庫、公路、橋樑、工廠，也進行過大量移民。他們未行兵、先行糧，首先建好新房、新村，安排生產和生活。山林、竹木、果樹，逐件計錢賠償，還有賠償未來三年的產值。常設移民辦公室。三十多年來，對解放初期開始移民的鄉村，不斷撥款維修，可說仁至義盡，做到移民滿意，皆大歡喜。

城砦人民的命運又如何呢？當局沒有公佈，但必須按中國政策辦事！

我們靜待黎明。

第五章

香港公園建設的
轉折與發展

自從《中英聯合聲明》於 1984 年發表之後，香港主權確定回歸祖國。這一重大的根本變革，使得香港的各項建設，產生了一種濃郁的向中華民族文化及本土化轉變的趨向，在園林建設方面也是很突出的。寨城公園的興建已成為香港園林建設的里程碑，在此之後，於 1999 年接着在深水埗又利用新填海地建設了一個嶺南之風公園；在修復原有的雀仔街時又結合城市改建，建設了一個地道的雀鳥花園；而北區公園的改造，更是明顯地突出了中國傳統園林建築的風格。而早在 1995 年已有人將中國文學名著《西遊記》作為主題內容，設計了一個創新的鳳城公園。這些公園都貫轍了 "寓教於樂" 的中國造園思想。近些年來，為普及科學知識，又新建了 "月球之旅"、"天文公園" 等小主題公園，甚至還計劃興建一個 "禁毒博物公園" 於現今戒毒康復醫院所在地的石鼓洲，為吸毒者提供一處遠離鬧市、專心戒毒的場所。園林設計都圍繞這一中心主題，展示各種文化藝術、歷史故事以警世育人。

● 一 雀鳥花園

在世界城市人口密度最高地區之一的香港，在這香港最擁擠繁華、五光十色的旺角區，隱藏着一個鬧中取靜、靜中有動的雀鳥花園。這裏是一條結合鳥具交易的商業街，店舖連接達 80 多家，在 1997 年 3 月香港回歸祖國之前改建成一處公園，總是散發出一陣陣莫可名狀的鳥語和花香。往日破舊的雀仔街，煥然一新，補種的富有文學意韻的樹木花草增添了嶺南風格的建築文化，倒也真有些"林壑風和禽對語，池亭雨霽樹交花"的文化氣息，極受市民的歡迎。

公園內的兩個入口均採用中國傳統形式的牌坊，有額有聯，公園內部又有月洞門和矮圍牆，由白牆黑瓦分隔空間，門旁種高大庭蔭樹，牆旁栽叢叢翠竹，庭蔭森森，竹影婆娑，顯現出一種頗為雅逸的文趣。這在香港是少有的。

那麼，這樣的公園是怎樣形成的呢？據說此處原稱康樂街，是一條不通公共交通的內街，市民的玩鳥活動源於街內的奇香酒樓。二、三樓的雀友們在此邊賞鳥，邊品茗，逐漸發展到進行交易，而奇香酒樓也擴建一新，人們逐漸知道此處有鳥類鳥食可買賣，於是就發展成為一條鳥類的行業街了。

香港最早的養鳥行業街是位於中環的閣麟街，在二戰中被日軍炸毀了。此處的雀仔街是 20 世紀 40 年代以後逐漸形成的，距今已有六七十年的歷史。

旺角是香港人口最稠密的地區之一，但奇妙的是在這繁華喧鬧中卻出現了一個綠蔭如蓋、鳥語花香的雀鳥花園。雖然這個花園是以鳥籠的形式觀鳥並以雀鳥餵養器皿交易為主，但仍然不失為一處鬧中取靜、鶯聲悅耳的逸樂之境。

花園位於界限街、基堤道和太子道的交滙點，南接太子道西，北接花墟公園，東緊接九廣鐵路，西鄰大球場，原來就是一條經營雀仔的雀仔街，結合城市的改造與擴建，就成了一個面積約 $3,000m^2$

※ 雀鳥花園

※ 雀鳥花園街巷（上）、鳥物攤檔（下）

※ 雀鳥花園之百鳥閣牆（上）、園內鳥籠（下）

的雀鳥花園，於 1997 年 3 月建成開放，作為香港回歸祖國的獻禮。

花園的設計為中國傳統園林形式，入口為一開間的中式牌坊，兩旁柱聯曰：

林壑風和禽對語，
池亭雨霽樹交花。

用地狹長，故建築設計仍保留了雀仔街那商舖毗連，略帶嶺南之風的外貌，其間採用花洞門庭院間隔，粉牆上飾以百鳥圖，牆邊栽植翠竹，舞鳳飛龍，竹影婆娑，卻也凸顯出一派幽靜、雅致的氛圍。

鳥，是一種可愛的動物，牠能帶給人們一種靜的享受，但"鳥鳴山更幽"的鳥鳴是一種發聲的動，則能反襯出動中之靜。這是喧鬧繁雜的城市中，多麼渴望的一種生態意境啊！品茶是香港人最習慣的一種享受，茶樓經營可獲利，玩雀是貧富皆可的一種娛樂，茶樓與玩雀結合，各取所需，將兩種休閒文化合併就構成了今日雀鳥花園的基礎。這體現了一種休閒與娛樂結合的園林文化，但從休閒與商業的比重上看，還有不少值得商榷的問題，有待進一步研究。

※ 雀鳥花園牌坊

◯二 馬鞍山公園

在沙田區原有兩座山峰，相連如馬鞍，故名馬鞍山。其海拔有 600 米，最高峰有 700 米，山下有小小的原始村落，居民以務農、捕魚為生，但在近代有日本企業家來此開採磁鐵礦，因而小村落就逐漸發展為採礦工業的小鎮，人口近千人。20 世紀 70 年代，由於石油危機以及政府擬定發展新市鎮規劃，小小的採礦業也就於 1976 年結束。政府將這個舊礦遺址修建為臨海的公園，佔地為 5.5hm^2，耗資 9,600 餘萬元，目的是為普及採礦知識，同時也增添了香港園林多樣化的一種類型。

其實，香港雖小，但也有銀礦、鐵礦和石礦三大類，儲量都不多。過去已將銀礦開採的差不多了，鐵礦的年產量也僅有 17 萬噸，由於成本高，產量不足，故鐵礦的開採，早在 20 世紀 20 年代就已結業。在這個以商業繁盛取勝的國際大都會，能留下一個有採礦歷史遺蹟的公園用地，也就具有重要而特殊的意義了。

(三) 卑路乍灣公園

公園位於港島西區堅尼地城海傍道，是 1998 年在新填海地上建造的，面積在 0.5hm^2 左右。因填海地原為堅尼地城碼頭，故公園以海事為主題，並展出一些航海的用具，如導航燈、浮標、傳令鐘等舊物，藉以普及一般與航海有關的知識。像這樣性質的公園在其他城市也不多見，還是寓教於樂賞、求知，是頗具特色而有意義的一個公園。

公園的設計頗有講究，公園臨海，呈東西向長條形，大體上分為三段，東西二個出入口。北段設有小型的運動器械及休息的涼亭花架，坐椅主要用於休閒和健身運動。中段為中心廣場及大草坪，中心十分空曠，可用於球賽、宴會。西段則為一個以航海道的浮標為中心的小園地。其他 10 種以上的航海用具散置於主要園路之旁，均有詳細說明。考慮到公園周圍為居民密集地區，南面還有電車通行，噪聲很大，故在園址四圍都密種二層以上的喬灌木形成綠牆，以"外掩內揚"的手法，增加公園的綠量，以減少噪聲、吸收有害氣體的污染。植物品種也較多（75 種），配置上雖無明顯的季相景觀，卻也綠色葱葱、疏密有致，而唯一的建築物是一座船形的綜合樓，頗有特色，具多功能用途。應該說，這是近些年來一座設計優秀的特色公園，因此，居民一致上訴將原定的"臨時"兩字去掉，現已正式命名為紀念卑路乍的特色公園了。

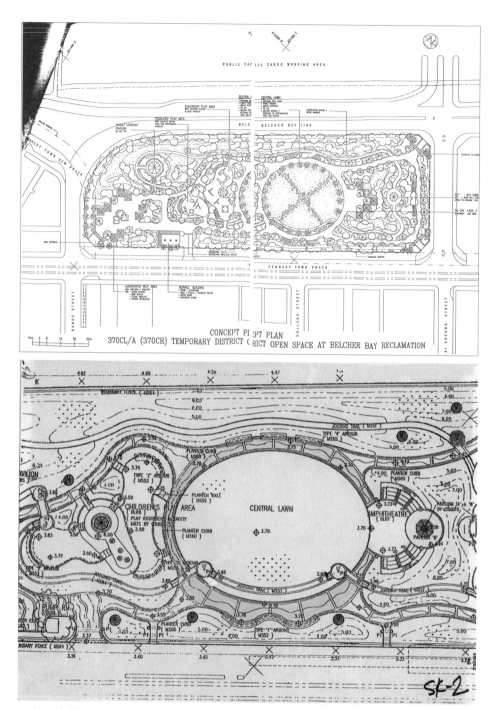

※ 卑路乍灣公園平面圖（上）、中心區示意圖（下）

※ 卑路乍灣公園園景（上）、涼亭（下）

※ 卑路乍灣公園之手提式環照油燈（左）、導航燈（中）和錐形浮標（右）

※ 卑路乍灣公園出入口

（四）天文公園

普及天文知識是教育兒童的重要一環，以天文為主題的公園在中國其他城市尚屬少見，而本港由香港太空館管理的天文公園於 2010 年 1 月 30 日開放。公園面積 1,200m²，位於西貢萬宜水庫的西壩上，面積集中，分為天文研習、肉眼觀測及望遠鏡三個區。

研習區內設有我國古代八大天文儀器的複製品，如渾天儀、星晷、月晷、仰儀、圭、表、赤道式日晷、地平日晷等以及人體日晷，參觀者可通過自己的影子獲得時間的信息。

肉眼觀測區內，設斜靠背椅可仰觀星空。

望遠景區內設有 4 台望遠鏡，同時又設有 10 個柱墩，遊者可藉以用自備鏡觀望。赤道儀也附有交流電源，可即時申請利用。

公園環境清新開闊，設備集中，利用方便，而且是本港唯一的一個全天候開放的公園，故還可觀測到夜間星空的景觀，只需一整天就可獲得天空星際的豐富知識。實際上，此公園已成為天文知識的免費課堂，很有意義。

※ 天文公園之望遠鏡（左）、內景（右）

※ 天文公園之渾天儀（上）、月晷（下）

（五）坪石遊樂場

位於九龍彩虹的一個小山丘，佔地 3.4hm²，是近年政府特別興建的既有主題，又有多元化康樂設施的一個頗具特色的遊樂場，也是老年、青少年及兒童都可盡情歡樂的一處新型園林。

其中的兒童遊樂部分，面積較大，是以古恐龍時代的古生物為主題，以營造恐龍生存的古洞穴。恐龍的身體、口、牙及骨骼的形態，與兒童的綜合型遊樂器具相結合，而構成多元賞樂為主題的園地，其中並包括一種油壓升降機的新玩具。這裏被孩子們評為"最好玩的"一個公園，也是寓教於樂的一處典型的遊樂場，最適於 2-5 歲的兒童遊戲，他們都需要有人陪伴照顧。另建有康體和休閒的設施，如太極場、木球場、網球場及 7 人足球場、緩跑徑等，可令不同時段內各適其適，都能取得康樂的效果。故這種既有明確主題，又能兼顧各年齡階層的適當遊樂設施的園林，確是 21 世紀以來公園發展的一種新方向。它們的出現，也使香港數以千計的小型公園設計更加豐富多彩，有助於益智健身。

※ 坪石遊樂場

※ 坪石遊樂場恐龍牙齒形雕塑（左）、恐龍頭骨雕塑（右）

※ 坪石遊樂場恐龍牙齒形雕塑（左）、遊樂場一角（右）

第六章 ———— 香港的紀念性園林

香港紀念性園林，最早始於 1934 年 3 月於九龍佐敦建成的佐治五世紀念公園，面積為 1.4hm^2。1959 年 3 月又在西環建了一個英皇佐治五世紀念公園（今為城西公園），面積亦為 1.4hm^2 左右。不過，前者位於海旁平地，後者則為小山坡地。公園內容相近，仍是遵循英國公園以健身運動與娛樂休閒設施相結合的主導思想，因地制宜地開闢相應的球場及健身活動設施和休閒的亭台等。

宋王臺公園 和文天祥公園

宋王臺公園位於九龍城，因有宋王臺石刻古蹟的保存而於 1959 年建成公園，也是因香港歷史上第一個保護古蹟法例的實現而建。

公元 1276 年，蒙古大軍破南宋都城臨安、擄走宋恭帝，並繼續揮軍南下。其時，楊亮節等負益王昰、廣王昺南逃。五月至福州，陳宜中、張世傑等奉益王昰為帝，改元景炎，是為端宗。1277 年 4 月，又逃至九龍的官富場（即今日九龍城一帶）駐蹕，當地居民迎駕，並在此建行宮，稱"二王殿"。此處發展為二王村，帝室在其外圍築造圍牆，稱古港圍。圍接近海岸線，又稱馬頭圍。同年端宗又逃至荃灣、大嶼山等地。二王年幼，不堪勞苦，以致端宗於 1278 年駕崩，年僅 12 歲。張世傑、陸秀夫等擁立端宗之弟趙昺（年僅 8 歲）即位，改元祥興。翌年，宋帝等潛逃至廣東新會厓山。祥興二年（1279）二月，元軍偵知宋帝匿處，派舟師塞海口，宋君臣無處可逃，陸秀夫即背負幼帝蹈海殉國。

1807 年，本地居民為紀念末代的最後二帝，在他們曾經駐蹕處，刻巨石"宋王臺"憑弔。1899 年有人在此古蹟附近採石，議員何啟爵士建議禁止，並通過了香港第一個保護古蹟的法例，而今日有宋王臺公園，有刻石雋永於此。

另有一個是紀念宋代偉大的英雄豪傑的文天祥公園。這是由林氏後人於 2006 年建立。其家族的淵源，為香港新田鄉洲頭村文氏族人及宋丞相信國公文天祥堂弟文天瑞之後裔。文氏家族居此有千年歷史，源遠流長，派系分支，血脈相連，洲頭村的歷史，可分為前後部，前部為居於四川成都之一世祖文時公，輾轉遷移，傳至江西吉安富田之十三世祖文天瑞公，為文氏蜀派富田世系先祖，後部以天瑞公為一世，子孫繁衍，自江西而遍佈廣東，多聚居寶安松崗，及至七世祖世歌公移居新田，九世祖連士公於清中葉遷於洲頭村，根植此地，建村立業，至今已三百年。立像建園的詳情，可見公園

※ 宋王臺公園

※ 宋王臺公園碑記

像座上的碑文（見本章後附錄）。

園內豎有文天祥銅像，連基座總高 8m，坐南向北，示意回顧江西原居地，手持寶劍，挺胸直立，鐵骨錚錚，表情不怒，自有威嚴，十足體現其名篇《過零丁洋》的氣概：

　　辛苦遭逢起一經，干戈寥落四周星。

　　山河破碎風飄絮，身世浮沉雨打萍。

　　惶恐灘頭說惶恐，零丁洋裏嘆零丁。

　　人生自古誰無死，留取丹心照汗青。

在長達十餘米的浮雕壁上以 "高中狀元"、"組織勤王軍隊"、"臨危受命"、"奮勇抗敵"、"被捕方飲亭"、"勸降" 及《正氣歌》為主題，表現出文天祥一身凜然正氣永留青史，是十分值得後人去景仰的一處紀念公園。

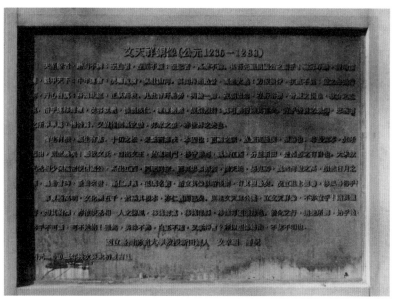

※ 文天祥銅像碑記

※ 文天祥公園（上）、文天祥生平浮雕（下）

※ 文天祥銅像

⏣ 孫中山的紀念園林

偉大的中國近代民主革命的先行者、推翻兩千年中國封建帝制的巨人孫中山，在他僅僅 59 年的風雲歲月中，於 1883 年由他的出生地廣東香山第一次來到香港，從此以後，他的一生就與香港結下了不解之緣。2016 年 12 月香港各界隆重地為他舉辦了"紀念孫中山誕辰一百五十周年"的大型展覽會。儘管時代的變化是如此激速，民主與科學的潮流是如此地洶湧動盪，但孫中山的思想和遺訓卻似乎永遠都能激勵着我們奮勇前進。

1. 香港紅樓中山公園

公園位於屯門青山灣蝴蝶村之旁，此處三面環山，為天然的避風良地。早在唐代中葉就駐有重兵，所謂"屯門"，即指屯田防衛的海門，是當時沿海重要軍鎮之一。現在這裏稱為青山，在過去稱為屯門山，居高臨下，左瞰青山灣，右眺伶仃洋，環境險要清幽。

1895 年孫中山發動廣州起義失敗，被迫渡海赴日本，他在船上與香港富商李璿相識，其後常有通訊，商購軍火事。後李璿經陳少白介紹加入興中會。紅樓原為李璿的青山農場辦事處，李璿去世後，由其子李紀堂繼承遺產。紀堂亦如其父，全力資助革命。5 年後，孫中山由日返港，授李紀堂為財政管理員，一直將紅樓作興中會策劃武裝起義據點，用以接待起義人員、儲存軍火、糧食等。辛亥革命領導者黃興一度也寓居於此指揮革命。

這裏原有一座三開間的中西式兩層樓房，因後來將建築的外牆粉為粉紅色，故俗稱為"紅樓"。此樓背靠西北，面向東南，後抱杯渡山，前瞻青山灣及大嶼山，地點靜僻，形勢極好。周圍還有 250 畝地，用於種植及畜牧。左山坡專門闢了一個小型的打靶場，前有小樹林，村外有淡水池場，附近有一村莊，也建了一座碉堡可以守望。1910 年鄧蔭南還在此設了一間工廠，經營製糖和舂米業。從工廠到紅樓有一條石板路作運輸用，儼然成了一個可自給自足的革命

※ 屯門中山公園入口（上）、"廣慈博愛"匾額（中）和紅樓（下）

※ 屯門中山公園“世界潮流”碑刻（上）、孫中山手植樹與手植樹説明（下）

黨香港根據地。後由台灣國民黨人組織發起，正式將紅樓及其附近山坡闢為中山公園。

今日的紅樓已破舊不堪，附近山坡亦呈 "無人問津" 的荒野地，紅樓也深鎖無人。筆者於 21 世紀初去調研時，竟找不到任何管理人員，僅見一老嫗背着籮筐上山砍柴、收菜，詢及有關公園之事，則木然而不答，但見紅樓的平台上佈置有若干碑刻，計有孫逸仙博士紀念碑、孫中山的 "世界潮流" 碑、"廣慈、博愛" 碑、"博愛" 碑、"國父遺囑" 碑和香港孫逸仙紀念會鳴謝碑以及孫中山的半身銅像等。

園內還有幾株大的荔枝樹、馬尾松，更留三株桄榔樹被立壇保護。有文記載，此乃黃興寓居時親手種植，惜無人管理，已近垂垂乾枯矣。

1968 年 4 月以後，陸續地在公園裏設置了有國民黨黨徽的孫逸仙博士紀念塔以及宣傳孫中山思想的石刻碑：如 "天下為公"（7月建成，高 3 丈）、"廣慈博愛"、"世界潮流，浩浩蕩蕩、順之者昌，逆之者亡" 等。2005 年筆者去參拜時紅樓已破舊不堪，園內的景物也是十分零散、破損，山頂地已成為荒野。這一塊國民革命中唯一的 "香港根據地" 已成荒野，原來是香港一級文物建築的紅樓，也將被推倒。至最近（2017 年 2 月 18—20 日）的報載，此處的業權已於去年 11 月易手，即將面臨遷拆。嗚呼！這意味着這一段歷史的痕跡也將湮沒。筆者認為紅樓中山公園是辛亥革命中唯一的香港根據地，完全應該列入法定的古蹟文物，並加以修復重建使其永遠閃現於香港。歷史的遺蹟是不可更改的事實，也是不可移動和再現的。即使建築破損，農地荒蕪，也應就地修復重現。這是一個時代的反映，也不是再建一個新的中山公園可以替代的，更何況紅樓中山公園內的種種，已是孫中山喚醒一個殖民地時代的香港人民的民族自尊、自強和奮鬥精神的重要據地。這是何等珍稀的一個值得永遠保存的香港中山紀念園林！

2. 香港大學中山紀念園

1892 年孫中山於香港大學的前身香港西醫書院就讀，他經過數十年奔波於中國洶湧澎湃、動蕩不安的民主革命浪潮中，終於在 1911 年取得了辛亥革命的勝利。在準備於 1923 年 3 月第三次建立革命政權，就任中華民國軍政大元帥前夕，孫中山於 2 月 20 日應邀來香港大學演講。據云在這一天的上午 11 時，孫先生由陳友仁陪同，一進校門就有多位港大同學用藤椅將孫先生高高抬起，一直抬到大禮堂（今陸佑堂）稍事休息。

出席這次會議的有港大校長羅‧司芬、副校長布蘭華特夫人、香港西人商會主席約克‧皮亞博士，香港著名商界領袖爵紳何東及輔政司等共約 400 餘人。

會議開始，首先由學生會主席何世儉（何東之子）致辭，他說："用任何語言來介紹孫先生都屬多餘，他的名字與中國同義。他的經歷，如果用來寫成書籍，必然引人入勝。如果自由愛好者則是偉大的試煉，那麼中山先生便與偉大共存。"

當天，孫先生穿着長袍馬褂，頭戴氈帽，儀表端莊，舉止從容，神采奕奕，健步走上講台，全場歡聲雷動，經久不息。孫中山操作熟練的英語演講。他說："我這次來香港就如同回到自己的家一樣，我曾經在香港讀書，受的教育是香港的。曾有人問我：你是在哪裏獲得革命思想的？吾今直言答之：革命思想係從香港得來。"

孫先生講到他以香港為革命思想的發端，並多次在香港發動和領導中國的革命起義和革命團體進行各種宣傳活動，終於取得了推翻帝制的辛亥革命的勝利時，他對香港民眾為此而作出的貢獻給予了充分的肯定，也表現出他對香港的一份深厚感情。在他的講詞中曾有 "扶林蘙蘙，上庠奕奕，我之有知，根基是植" 之句，意思是對這一所樹木繁茂、高大美麗的香港大學所給予自己的革命思想的福蔭之地的濃郁懷念。

接着他又很詼諧地談到他在讀書期間的趣事，因他每次假期返

※ 港大中山紀念園園景

※ 港大孫中山銅像（左）、紀念園（中）和 "中山階"（右）

家鄉時，深感鄉下衛生狀況太差，於是他就發起"灑掃街道"的清道夫運動，親自帶頭當清道夫。他一回鄉下就倡議青少年參加，這也得到了知縣的支持。這個趣事惹得同學哄堂大笑，全場報以雷動的掌聲。

他又舉出在鄉間看到官僚腐敗的情況，所謂父母官是可以用五萬元大洋買來的。後來到省城，其腐敗更加一等，他親眼所見清政府的腐敗無能，從而奠定了他要推翻舊政權的決心與信心。想到自己是醫生，但醫人不能醫國，於是放棄了醫生的職業而走上革命的道路。

最後，他講到當前是進行民主革命，就要以民為主，推翻帝制，建立民國，人人有份，不能放棄，並比喻廢除了帝制就好像拆掉了一間舊屋，但新屋尚未建築完工，一有暴雨，居民受苦更深（指有人想恢復帝制）。但新屋必有竣工的一日，希望大家建立信心，努力學習西方的經驗，完成民主革命的任務。

演講完畢，仍由五六位同學用藤椅抬着孫先生到大門，兩旁的學生們如同受過嚴格訓練的士兵一樣，全體歡騰如沸，直到大門下來與一眾人共同攝影留念。

次日（1923年2月21日）孫先生離港返粵，香港政府放禮炮歡送，保安的嚴密屬一級，五步一崗，十步一哨，給孫先生這次返港，畫上了一個過去在香港從未有過的動人畫面的句號，也增強了他在以後不到20餘天在廣州建立第三次革命政權，就任民國政府軍政大元帥的威望。

為了紀念孫中山在港大的演講，2003年在港大鈕魯詩樓的荷花池旁，豎立了一座孫中山坐藤椅的全身銅像，並將其旁的大台階翻修成寬廣的大階梯，命名曰"中山階"，共同組成為校園內的一處中山紀念園。

3. 上環孫中山紀念公園

公園位於上環海濱，視野開闊，但附近交通繁雜，有所阻隔，出入略有不便，但選址時主要考慮此處為孫中山早期活動的舊地之故。

此園於 20 世紀 90 年代開放，一度因故停止開放，後於 2010 年重新開放至今。

大草坪中心圓形地面上設一有座的孫中山全身像，手持衣帽，氣宇軒昂，總高約 4-5m，座碑上僅刻"孫中山先生"，十分簡潔，主題是以雕塑、石刻或以小品建築來體現孫中山的民主理想。又以不鏽鋼鏤出"自由"、"平等"和"博愛"的書法藝術；以五個小鐘，豎向串連設於一個白色小塔內以表示"五權憲法"；中西式牌樓門中間橫額上石刻"天下為公"。海濱則豎立有三塊白色豎碑，寓意為三民主義理念，以藝術形式表達政治理念形成一種新的紀念園林風格，是為本園的特點。在公園西部建有大型孫中山體育場館，園內亦有兒童遊樂場等休閒設施。

※"天下為公"牌坊

※ 鐘塔（左），"自由"、"平等"、"博愛"書法雕塑（右）

※ 孫中山雕像

（三）市政局百周年紀念花園

為紀念香港市政局成立一百周年，乃利用九龍半島東部尖沙咀這一片商業大廈之間的空地，建了一個由 10 個小花園組成的花園群，命名曰市政局百周年紀念花園。在這裏栽植樹木花草，設置兒童遊樂場、籃球場，以及小型瀑布、時鐘噴泉、涼亭園廊、坐椅雕塑等。小花園之間有徑路和行人天橋連接，園內的 6 根西式圓柱是原九廣鐵路火車站建築留下的遺物，與縱向噴泉結合，形成紀念公園的中心。這一片空地造園後，也與附近的中間道遊樂場、尖東海濱花園，形成這一商業大廈建築群中的一片綠洲。總面積 2.9hm²，於 1983 年 12 月建成開放。

※ 香港市政局百周年紀念花園

※ 香港市政局百周年紀念花園

（四）香港回歸紀念塔

1997 年 7 月 1 日，香港經歷了 150 餘年英殖民統治之後，終於將主權交回中國。這不僅是中國收復國土的一個重要紀念日，也是近代世界殖民者衰落的一個里程碑。從此以後，香港就進入了一個新紀元。因此，在這重要的時刻，香港各界就在大埔海濱原英殖民者登上香港海岸的地方，建起了一座香港回歸紀念塔。

在這一天，由尖沙咀望港島北岸可以看到象徵所謂"日不沒國"的落日餘暉那灰暗的夜幕降臨的情景，以及維多利亞港上那英國帆船的飄零的畫面，另一邊的市區街道上電車箱標示的"慶回歸"的標語，這些點滴投影都反映出一帶維港，百年滄桑；一路歡慶，揚眉吐氣的心聲。正如紀念塔碑文所述前恥盡去，國運當興，因而建塔紀念，緬懷先烈前賢，永誌不忘。

※ 香港回歸紀念塔

※ 落日餘輝下的維多利亞港（上）、叮叮車上的“慶回歸”宣傳（下）

㊄ 關於紀念園林的點滴

香港是一個經歷了 150 餘年殖民時期的城市，在英治時期內，多少事，多少人都涉及到香港歷史的方方面面。在園林方面，除了上述幾處園林外，不可避免地還有一些與園林相關的點點滴滴應該在史書上記一筆的。

衛奕信花園，位於中環港督府花園內。這是在第 27 任總督衛奕信（David Wilson）於 1992 年離任返英前，香港政府別出心裁送給他的一件紀念品——一個 400m² 的花園。花園共有兩層，一層為中式花園，另一層為原野式花園。於 1992 年 5 月由衛奕信親自主持開幕式，港督府花園一年一度開放供市民遊賞，因此該花園也成為市民一年一度懷念衛奕信的紀念花園了。這位總督在港任期，對於發展赤鱲角機場，建立新型的有助市民運動健身的遠足徑等都有貢獻，因而被人紀念。

另有一處為西貢滘西洲的紀念碑。這是為紀念一位美籍人類學者華德英女士（原名史提芬·莫禮士夫人，Mrs H. Stephen Morris）而設。這位 1919 年出生的學者，曾經 5 次來香港的滘西洲客家村作田野考察，總計約有 25 年，與當地的村民和漁民建立了純真、敦厚的友誼。村中許多青少年，稱她為契娘。她也認了一些契仔，並留下一些互相關懷幫助的感人故事，而她這二三十年的考察研究成果，也已出版了一本《從人類學看香港社會華德英教授論文集》，開了在這一領域外國人研究香港社會的先河，也是對香港歷史研究的貢獻。

故在她逝世後，村民們特為她立一肖像碑來紀念。紀念碑較單一，建議在其四圍，建立一個小的休憩花園供村民們作日常休憩之地。

紀念是對已逝去的人物或事物的歷史回顧，用文字來紀念表達的稱為史書，從園林或建築物來表達的稱為史蹟。史蹟較史書更為形象、普及，但二者的共同點是要求內容反映歷史的真實，然後由作者或設計者去構思，對某人物或事物進行深入的調研、認識。在這裏不僅有一個高低深淺的問題，更有一個如何表現人物的氣質與精神的問題。紀念公園是常見的一種城市園林類型。全世界的紀念公園很多，各有各的修建原則、規格（標準）、風格，值得一提的是，中國以人物命名的紀念公園中，以近代革命先行者孫中山命名的中山公園已達 130 餘個，遍及全國乃至世界，堪稱全球紀念人物公園之最。這種情況將給我們以怎樣的啟示呢？值得探討。

※ 維多利亞港

九龍宋皇臺遺址碑記

宋皇臺遺址在九龍灣西岸，原有小阜名"聖山者"。巨石巍峨，矗峙其上，西面橫列元刻"宋王臺"牓書，旁綴"清嘉慶丁卯重修"七字。一九一五年，香港大學教授賴際熙籲請政府劃地數畝，永作斯台遺址，港紳李瑞琴贊襄其事，捐建石垣繚焉。迨日軍陷港，擴築飛機場，爆石裂而為三，中一石摩崖銘字完整如故。香港光復後，有司仍本保存古蹟之旨，在機場之西南距原址可三百尺，闢地建公園，削其石為長方形，移寘園內，藉作標識，亦從眾意也。考臺址明、清屬廣州府新安縣，宋時則屬廣州郡東莞縣，稱"官富場"。端宗正位福州，以元兵追迫，遂入海，由是而泉州而潮州而惠州之甲子門，以景炎二年春入廣州。治二月，舟次於梅蔚，四月進駐場地，嘗建行宮於此，世稱"宋皇臺"。或謂端宗每每憩於石下洞中，故名，非所知矣。其年六月，移蹕古塔。九月如淺灣，即今之荃灣也。十一月元兵來襲，乃復乘舟遷秀山。計駐於九龍者，凡十閱月焉。有宋一代，邊患迭興，西夏而外，抗遼、抗金、抗元，無寧歲。泊夫末葉，顛沛蒙塵，暫止於海澨一隅，圖匡復興。後此厓山，君臣所踐履者，同為九州南盡之一寸宋土，供後人憑弔而已。石刻宜稱"皇"，其作"王"，實沿元修宋史之謬，於本紀附二王，致誤今名。是園曰"宋皇臺公園"，園前大道曰"宋皇臺道"，皆作"皇"，正名也。方端宗之流離播粵也，宗室隨而南者甚眾，後乃散居各邑，趙氏譜牒，彰彰可稽。

抑又聞之聖山之西南有二王殿村，以端宗偕弟衛王昺同次其地得名。其北有金夫人墓，相傳為楊太后女，晉國公主，先溺於水，至是鑄金身以葬者。西北之侯王廟，則東莞陳伯陶碑文疑為楊太后弟楊亮節道死葬此，土人立廟以祀昭忠也。至白鶴山之遊仙岩畔，有交椅石，據故老傳聞，端宗嘗設行朝，以此為御座云。是皆有關斯臺史蹟因並及之，以備考證。

一九五七年歲次丁酉冬月，新會簡又文撰文，台山趙超書丹。而選材監刻，力助建碑，復刊行專集，以長留紀念者，則香港趙族宗親總會也。

一九五九年香港政府立石

文天祥銅像碑記

夫至堅者，磨而不磷；至白者，涅而不緇；至忠者，萬變不渝。其吾先祖信國公之謂乎！弱冠崢嶸，握瑜懷瑾，魁甲天下，中年運會，虎嘯龍騰，氣壯山河，其間持節敵營，凜然大義，方飯被俘，抗直不屈，隨之舟過行朝，丹心自屬，身幽北庭，正氣高歌。凡此宵旰勤勞，夷險一節。在朝盡忠，在野浴德，骨鯁之臣也，耿介之士也。惜乎運移難複，從容就義，慷慨成仁，凜凜嚴嚴，焜焜烈烈；真可謂行踐其言矣。宜乎後世之景仰，忠義者之所拳拳焉，倦倦焉。又豈惟閭里之傲，邦家之榮，亦世界之光也。

樹生有根，福生有基。十仞之松，果纍而葉茂，本固也；百福之宗，族聚而脈廣，淵遠也。尋源索本，知所因由，則庶幾矣。顧我文氏，裔出文王，始基雁門，移守蜀郡，輾轉江西，分脈新田，是淵源之有自也。大宋狀元丞相少保樞密使信國公，系出江西，同祖同宗。而其忠義節烈，慟天地，感鬼神，巍然河嶽之高，朗然日月之輝，轟動當時，垂範來世。漸仁摩義，砥礪明節，塑立其像以昭後嗣，有其根緣矣。況宣祖上德馨，移風善俗乎！

華夏極高明，文化溯五千，然語其根本，亦仁義而已矣。

則建文天祥公園，立文天祥像，不亦宜乎？睹其儀容，想其胸襟，亦欲使丞相一人之德風，移諸鄉黨，移諸郡縣，移諸邦國環球也。教化之行，道德所歸，始乎微，終乎不可禦，可不勉旃！雖然，美殊不飾，白玉不雕，又奚待言，只以塑像緣由，不誌不明也。

> 國立台灣師範大學教授新田鄉人
> 文幸福謹記
> 西元二〇〇三年歲次癸未初夏吉旦

洲頭村歷史簡述 [①]

新田鄉洲頭村文氏族人乃宋丞相信國公文天祥堂弟文天瑞之後裔。本族千年歷史，淵遠流長，均詳載於族譜。族譜傳承記述，脈絡清晰，派系分支，血脈相連，本村歷史可分前後部。前部為居於四川成都之一世祖文時公，輾轉遷移，傳至江西吉安富田之十三世祖文天瑞公，為文氏蜀派吉州富田世系先祖，後部以天瑞公為一世祖，子孫繁衍，自江西遍佈廣東，多聚居寶安松崗，及至七世祖世歌公移居新田。九世相連士公於清中葉遷移洲頭，植根此地，建村立業，至今已近三百年矣。

> 公元二〇〇六年秋立

[①] 上文引自《新界六大家族》，何惠清著，香港：博學出版社，2016 年，第 173 頁。

正氣歌

　　天地有正氣，雜然賦流形。下則為河嶽，上則為日星。於人曰浩然，沛乎塞蒼冥。

　　皇路當清夷，含和吐明庭。時窮節乃見，一一垂丹青。在齊太史簡，在晉董狐筆。在秦張良椎，在漢蘇武節。為嚴將軍頭，為嵇侍中血。為張睢陽齒，為顏常山舌。或為遼東帽，清操厲冰雪。或為出師表，鬼神泣壯烈。或為渡江楫，慷慨吞胡羯。或為擊賊笏，逆豎頭破裂。是氣所磅礡，凜烈萬古存。當其貫日月，生死安足論。

　　地維賴以立，天柱賴以尊。三綱實繫命，道義為之根。嗟予遘陽九，隸也實不力。

　　楚囚纓其冠，傳車送窮北。鼎鑊甘如飴，求之不可得。陰房闐鬼火，春院閟天黑。

　　牛驥同一皂，雞棲鳳凰食。一朝蒙霧露，分作溝中瘠。如此再寒暑，百沴自辟易。

　　嗟哉沮洳場，為我安樂國，豈有他繆巧，陰陽不能賊。顧此耿耿在，仰視浮雲白。

　　悠悠我心悲，蒼天曷有極，哲人日已遠，典刑在夙昔。風簷展書讀，古道照顏色。

屯門青山紅樓《中山公園》碑記

　　國父孫中山先生名文，字逸仙，一八六六年十一月十二日出生於廣東省香山縣翠亨村。一八七九年隨母遠赴檀香山，就學於意蘭尼書院，初涉西方國家之政治與歷史，一八八三年來港，先後入讀拔萃書院，中央書院及西醫書院。習醫期間，除潛心醫學外，更勤治中國經史典籍。復清廷腐敗，乃以鼓吹革命為職志。

一八九四年十一月廿四日，國父在檀島創立興中會，為中國國民黨的前身，以"驅除韃虜、恢復中國、創立合眾政府"為誓詞。翌年，認為革命時機已見成熟，遂於香港乾亨行設立總會，以利籌劃起義。一九〇五年八月，為糾合群力共策革命，又於東京成立中國同盟會。十一月於同盟會機關報《民報》發刊詞中正式揭示民族、民權、民生三大主義為革命之目標，呈現三民主義之體系，其後經十次起義失敗，終於一九一一年十月十日，武昌起義成功，建立亞洲第一個民主共和國。

一九一二年中華民國元年一月一日國父就任中華民國首任臨時大總統，四月一日，為從大局著想，毅然辭去總統之職，並舉袁世凱自代，但因宋教仁被刺，袁世凱稱帝，乃發起二次革命與討袁護法。一九二一年，復於廣州被推選出任中華民國非常大總統，鑑於軍閥割據國事蜩螗，一九二四年十一月，抱病北上共商和平統一大計，翌年元月，肝癌惡化入住北京協和醫院，至三月十二日，終因藥石罔效逝世。

自一八九五年廣州起義至一九一一年間由國父領導及策劃，並以香港為基地的起義行動先得合計六次，其間參與革命之志士多次聚集於屯門青山農場，共商國事，香港為革命之策源地，對中國國民革命，曾起重大之作用。

青山紅樓主人李紀堂早年追隨國父革命，慷慨捐輸，其後人及香港各界愛國人士，為紀念青山紅樓於國父領導革命中之重要地位，乃闢為中山公園，豎立孫逸仙博士紀念碑及銅像，由屯門社區服務中心及愛國人士悉心維護，浸為香港緬懷國父之聖地，仰崇國父豐功志業，垂範後世，感念後人堅貞奉獻，永維勝蹟。乃誌其始末，藉申敬思。

中華旅行社總經理　鄭安國　謹誌

一九九九年十一月十二日

孫逸仙博士紀念碑文

　　孫逸仙博士領導國民革命手創中華民國，其目的在求中國之自由、平等及聯合世界上以平等待我之民族共同奮鬥，以期進於大同。

　　博士識深量宏，學貫古今，其真知灼見，旋之四海而皆準；其仁風義舉，俟之百世而不惑。既推翻數千年之帝制政體，締造共和，更揭櫫三民主義、五權憲法，為國家謀根本之改造，豐功偉績與新大陸之華盛，並臻山河之壽，同爭日月之光，舉世欽崇，誠千古之完人也。

　　紅樓位於青山白角，山明水秀，風景奇佳，面積廣，海灘綿長，當年李公紀堂獻為博士進行革命指揮策劃之所，方策勝蹟，猶若蓋以東方獨特之構架，發揮中華文化之精神，不惟東方之珠空擂勝聲譽，世界旅遊人士亦將咸來景仰，香港孫逸仙紀念會有見及此，愛聯合各界將紅樓地區建設孫逸仙紀念公園，而於樓者，敬上靈碑，以肇其始，承囑述其始末，謹為之記。

紅樓瞻仰者的詩詞摘抄

　　紅樓是香港唯一的中國民主革命時期的根據地，一些心向民主革命的老人曾到此留下了他們至誠的詩詞感言：

過青山紅樓　黃麗貞

　　一角紅樓開勝地，可憐中有憂時淚。
　　曠代哲人偏易逝，留眼底青，
　　青山碧水依然媚。

故國新亭空復爾，浮雲白日茫茫意，

台上英姿碑上字，呼不起。

大同志業誰將理。

青山紅樓　黃倩芬

景物不殊時世異，屯門古屋撩幽意，

風雨雞鳴人未起，斜陽裏，

閒花開罷荊扉閉。

眼底河山千萬里，武陵路杳歸無計，

幾許心魂澆此地，勞夢寐，

銅仙空滴全盤淚。

青山紅樓（調寄“漁家傲”）　馮影仙

一代哲人隨水逝，豐碑猶在遐方時。

剔蘚摩挲碑上字，揮熱淚，

可憐舉目山河異。

此是當年籌筆地，小樓凜凜存英氣。

今古滄桑何限意，魂未死，

令成化鶴重遊止。

遊青山白角紅樓　歐陽雪峰

青山白角隱紅樓，水靜沙湖石臂摟。

浩蕩煙波歸釣櫂，詩情畫意兩悠悠。

此外，在大埔的烏蛟騰還修建了一個烈士紀念園，有一牌坊門，並有聯曰：

紀昔賢滿腔熱血，

念先烈瀰世功勞。

國內只修建了一個抗日英烈紀念碑，碑座刻有“浩然正氣”，此碑始建於 1951 年，至 1998 年 10 月重建。並於 26 日將東江縱隊港九獨立大隊陣亡將士的名冊，在香港大會堂舉行存放儀式，以永垂史冊。

據云，1943 年 2 月曾在烏蛟騰召開過會議，制定過“長期打算，蓄積力量”的方針，為東江縱隊的成立，作了準備工作。

香港回歸紀念塔碑記　　新界鄉議局主席　劉皇發　謹序

香港新界，乃鄉民立根之地、創業之源。百年以前，列強入侵，滿清無能，喪權辱國，割讓港九於前，租借新界於後。租借之初，鄉民保鄉衛土，慘烈犧牲。香港淪陷，鄉人對日抗戰，顯耀功勳。香港重光，新界發展，鄉民積極參與，為社會繁榮，作出重大貢獻。

隨着中英聯合聲明簽定，一九九七年七月一日，國家恢復行使香港主權，殖民管治，宣告結束，前恥盡去，國運當興。此歷史性時刻，對新界原居鄉民而言，意義重大，是以新界鄉議局倡儀贊助興建此回歸紀念塔，作為香港回歸之獻禮。

當年英國接管新界，即從大埔此岸登陸，今日香港回歸祖國，吾人復於此地建塔立碑紀念，此來此去，非徒巧合，實有前因。況此公園負山瀕海，風光旖旎，登樓閒眺，賞景怡情，正是一湖煙水，百載滄桑，容易引人啟發思潮；然緬懷先烈前賢之彪炳功業，其熱愛國家民族之高尚情懷，當不會因時間而變，因人而異也。

一九九七年七月

第七章 —————— 香港的線性
景觀

何謂線性景觀？從園林的角度看，就是指構成園林的五大要素（山石、水體、動植物、建築、路徑）之一的路徑景觀。在香港的園林綠地中，路徑的運用極為普遍，類型也極為豐富。這在全國城市中也是較為少見的，它是由香港特殊的地理、歷史文化和社會需要種種條件形成的。

　　比如以自然保護為主的香港郊野公園，其用地面積佔香港全市總面積的 40%，茫茫大地，勝景何處尋？香港的海岸線，長達 800km，如何展示、利用和保護？主要都需路徑的設置。路徑自由靈活、簡單實用，且具有觀賞遊樂、接受自然教育和健身等功能。

　　這種線性的原理，應該是出自古代希臘數學家歐幾里得的《幾何原本》中，由點成線，由線及面，由面而成體的原理。這種點線面的圖形，都有它自身形體的不同作用，其中線性形體是最活躍、最有效的一種自然生命的形體，聯想到中國近年來提出的偉大的“一帶一路”倡議，其中的“一帶”和“一路”就是一種線性的文化遺產。目前中國線性文化遺產有京杭大運河、絲綢之路和茶馬古道等，以線帶面，抓住了事物發展的關鍵，使之成為前進的動力，所以線性景觀的選擇與設置，就可以成為一種城市園林建設與發展最有效的方式。

　　香港園林的路徑十分豐富多彩，可以說，在中國諸多大城市中是高居榜首的。這是由於特別的自然地理條件以及香港社會思維的特點而形成的。

　　由於香港的自然地理特色和政府對體育運動的高度重視，故香港的線性景觀獲得了高度的重視，可謂美輪美奐，大體上可以分為五大類別，接下來將分別敘述。

● 一 遠足徑

遠足徑，其中又可分為遠足與健身二種。香港郊野公園的面積很大，基本上屬於自然保護區性質，如何保護利用？多以開闢路徑先行，遠足徑現有五條：

麥理浩（Murray MacLehose）徑，此徑長100km，是香港第一條最長的遠足徑，跨越8個郊野公園，分為長短不同的10個段落，東起東部海濱的大浪灣，西至屯門市鎮。麥理浩是在香港任總督時間最長的一位（1971-1982），故以之命名此徑。

鳳凰徑，長70km，位於大嶼山的鳳凰山，東起梅窩，西及大澳，共分為12段，自然景色優美，羌山一帶還保留了近代興起一處私人花園——悟園和恢弘的寺廟——寶蓮寺，及其天壇大佛。21世紀初，在寶蓮寺旁鳳凰徑，還修建了一個十分獨特的宗教文化景點——心經簡林。

這個景點的緣起是在2002年香港經濟低潮時，國學大師饒宗頤以他書寫的《心經》贈予香港人以茲鼓勵，香港政府接收後，經研究，決定將此墨寶印刻成簡，展示給全港市民及來港的旅遊者，作為長遠的觀賞及激勵。簡林於2003年5月全部建成開放，位置就在

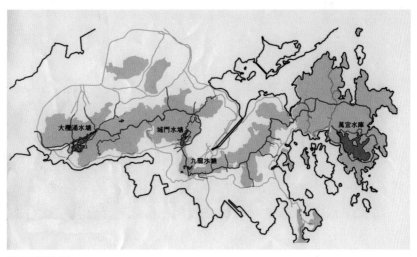

※ 麥理浩徑

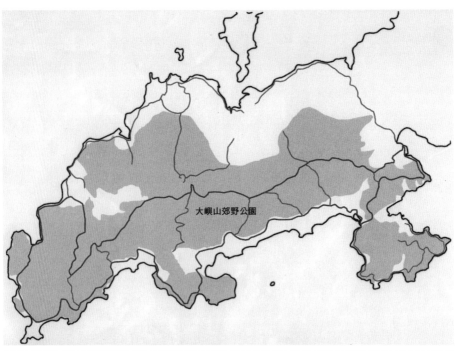

※ 鳳凰徑（上）、心經簡林（下）

天壇大佛的北側，鳳凰徑的一段山坡地上。這處景點是在建築署的主持下，由香港大學李焯芬教授精心策劃指導進行的，以心經為主題，將心經全部 286 字分別刻寫在 38 根巨型花梨木柱上，以之按幾何學符號 ∞ 排列，象徵生生不息的"無限"之意。

何謂《心經》？其全名應為《摩訶般若波羅蜜多心經》，最早稱為《十一面神咒心經》，是北周時所傳。現時的心經為唐玄奘法師所譯，含蓋着中國儒、道、釋三家的精義，包括佈施、持戒、安忍、精進、禪定及智慧等，希望世人為人處世都要從內心出發，通過心經的自我修養，才可獲得圓滿的智慧與歸宿，參悟到諸多人生的哲理。像這樣的景點設置，於遠足徑中，就使遠足者不僅能得到體能的鍛鍊，同時也能獲得心靈的陶冶，是一處很成功的景觀設計。

港島徑，位於香港島，全長 50km，跨越 5 個郊野公園，分為 8 段；東起石澳郊野公園西至薄扶林的山頂，地勢高，可觀賞山兩邊的海景。這裏並有一條分支的金夫人馳馬徑，是以第十七屆港督金文泰夫人命名的，是殖民地時代留下的痕跡。這條支徑多為下山的

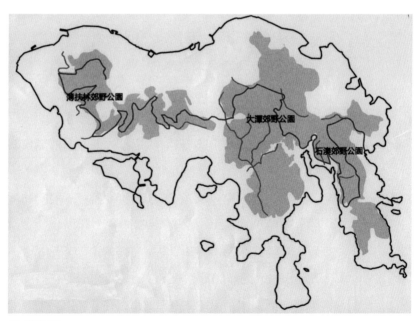

※ 港島徑

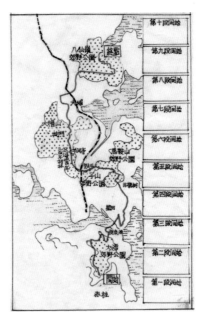

※ 衛奕信徑

平坦路，途中有英軍的機槍室，後成為警察博物館。據云，日軍侵入時，此處曾發生過英日的對壘戰。

衛奕信（David Wilson）徑。這是一條縱貫南北穿越新界、九龍和港島的遠足徑，也是第27任港督衛奕信多年來親自實踐後提出來的，故以之命名紀念。其中某些段落的修建是由某機構或基金贊助，則以該機構或基金命名。

香港奧運徑。這條運動徑是在2008年北京奧運會提出"綠色奧運"及"人文奧運"的主題之後，由香港民政事務總署申報，並獲得國際奧委會批准，將大嶼山北面一片植林命名為"奧運林"，將大嶼山東北白芒村至梅窩的一段山路（即東梅古道的一部分）命名為"香港奧運徑"。此徑全長5.6km，山路的最高點為望渡坳，海拔227m，徑的入口處栽植了5株常綠的木荷（Schima saperba Gardner and Champ）樹，示意為"奧運五環"，沿途還鋪設了11個奧運比賽的圖案。這些都是在中國舉辦奧運的喜事給香港留下的美好記憶與情趣。

⚫二 健身徑

如前所述，香港政府十分重視市民的健身運動，並規定公園中的運動場應佔 25%。除了各類球場，在大公園中，多有設置緩跑徑，如維園的緩跑徑就相當的完善。近年東涌北公園的緩跑徑更是利用了一個小小的土山呈極緩的小山坡（約 3‰ 的坡度），迂迴地設置了有圍欄的緩跑徑，達到山頂的休息亭，稍稍休息後再由亭的另一側緩緩地向下行，總佔地面積不大，但坡度極緩，緩步或緩跑起來都感到安全、舒適，極受附近居民，尤其是中老年居民的歡迎。在一般的小公園裏，則多設有供足道養生的卵石健康步道，長寬多不及 10m。在更早的年代，還設置有科學系統的器械健身徑，但這些器械需要及時維修，否則影響運動的安全，故近年來並不普遍採用。

維力徑。這是一種設計完善的健身徑。從起點到終點的設計，都着重於肌肉的伸展及放鬆。中段則着重力氣及肌肉的鍛鍊，而在各站之間，則或跑步；或步行，既可練氣，亦可對心臟有裨益。

單車徑。香港的線性用地，如海濱、環山及環水的用地甚多，具有發展生態旅遊，建設越野單車徑的有利條件。早在二十世紀八十年代初已在沙田的大圍設立了一個單車公園，作為騎單車的訓練基地。園內還有 10 多間單車出租處，車種不僅有二輪的，還有三輪、四輪的，可供一家大小同樂。而香港的第一條單車徑，也是由此處出發，沿城門河、經吐露港前行，沿途有古岩淨苑、沙田中央公園、敦煌畫院、馬鞍山邨、烏溪沙往東到達西貢泥涌。泥涌是吐露港邊的一個小鎮，當海水退潮時就會留下一些如蜆、黑海參、青口等海產，附近居民採集起來作為土產出售。

只可惜這條美麗的單車徑，由於興建馬鞍山鐵路而被佔用消失了。現在的單車徑主要在大嶼山發展。因二十世紀初，由香港迪士尼樂園、亞洲國際博覽館，昂坪 360 及其他 6 個機構組成了一個大嶼山發展聯盟，提出來在東涌舊碼頭一帶要打造一條以生態為本的

※ 東涌北健康徑

南大嶼山越野單車徑的建議。據云，這條單車徑現在已接近於環島通行了。這是一件極為有益的盛事，它是集環境生態、健身、旅遊及更廣闊地展示香港的自然美於一身的線性景觀。今後還可在其他地方更多地發展一些短途的，更創新而富特色的單車徑。建設更為舒適、更科學、便捷的單車徑網絡，使單車徑網絡成為這個東方之珠上燦爛奪目的綠色項鏈群。

香港於 2013 年底建成了一個具單車概念的單車館，將單車運動元素與建築館設計融入，並於 2014 年舉辦了一場香港國際場地單車杯賽。這項賽事為國際奧運的首次專項賽，也使香港在單車運動賽事獲得殊榮。

※ 東涌北健康徑

※ 緩跑徑

※ 鵝卵石徑（左）、維力徑（右）

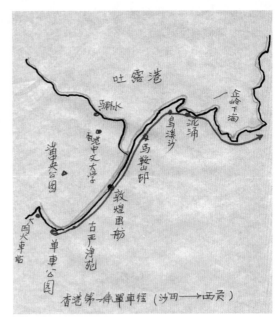

吐露港

駆水

企嶺下海

沈涌

烏溪沙

馬鞍山邨

港中文大学

敦煌画舫

彭英公園

古严淨苑

火車站

單車公園

香港第一條單車径 (沙田──→西貢)

※ 香港第一條單車徑示意圖

※ 單車徑

㊂ 教育徑

1. 自然教育徑

這是專為教育和普及知識而設的徑路，香港的郊野公園面積大，自然資源也較豐富，植物種類接近 3,000 種，其中本地原產的也有 2,000 種，動物則以雀鳥、魚類和蝴蝶最為突出，不僅品種多，而且各具特色，再加上香港特殊的地形地貌，可以說，香港的大自然就是一個非常值得學習研究的大課堂。政府對此非常重視，僅漁農署屬下的自然教育徑總計就有 20 條，如窺看林中鳥的大埔滘自然教育徑，考察怪樹森林的荔枝窩自然步道，新娘潭自然教育徑（認植物，聽鳥鳴），觀察沉積岩，海蝕平台等地質岩層的馬屎洲自然教育徑，還有十數條樹木研習徑。

表 7-1　香港的自然教育徑

名稱	特點
大埔滘自然教育徑	有超過五十年的次生林巨籐，蟲鳥較多，為林地生態
荔枝窩自然教育徑	有五指樟、古榕、大片的海藻、茂密的風水林
新娘潭自然教育徑	認植物，聽鳥鳴
馬屎洲自然教育徑	可觀察沉積岩，海蝕平台岩層
蕉坑自然教育徑	位於西貢自然特別區內有獅子山自然教育中心
香港仔自然教育徑	長 2.73km，可作綠色環保行
菠蘿壩自然教育徑	在城門郊野公園內，可圍繞水塘行走，據云可聞到白花油香味，最早英軍在山坡建有水管
大欖自然教育徑	介紹植物、地勢地貌及人文歷史等設施，共有 20 處觀賞點
紅梅谷自然教育徑	有 15 處觀賞點，如植物、生物化學現象，地質地貌、望夫石
爐峰（自然）教育徑	位於太平山頂，據云以昔日爐峰酒店而名，乃人文景觀、懷舊遊

※ 新娘潭自然教育徑（上）、八仙嶺自然教育徑（下）

2. 文物徑

近些年來，為發展旅遊業，古蹟處還特別將某些古蹟古物串連成徑路遊覽，也取得了很好的普及人文歷史知識的作用，如在2002 年設於元朗區的屏山文物徑。這是香港的第一條文物徑，重點展示了 1273 年建的鄧氏宗祠。這是一個三進兩院的古建築群，其特色是沒有門檻，由前院通往後院有一條紅色砂岩鋪砌的通道，說明鄧氏族人在朝廷身居要職的榮耀。此外，還有一座觀廷書屋，這是鄧氏家族鼎盛時所建，也有 130 餘年歷史，是當時香港眾多書院中最漂亮的一座，是專為教育族中子孫設立的。與之相鄰的還有一處清暑軒，是蘇州園林式設計，用於會客、留宿、避暑之用，建築物裝修細緻、華麗。附近還有一座元朗的老字號的大榮華酒樓，設一條徑路將這些零星的古建築、古塔、古井、古廟、聚星樓等聯繫起來，全長不過 1km。

3. 港島南區文學徑

由南區區議會建議設置。近代的南區，曾有 10 位著名的文學家，他們或以著作與南區結緣，或以文化活動來南區開會、演講，都留下了有跡可尋的篇章與足跡，因此可設置一條文學徑供市民回憶及觀賞。這 10 位名人留下的足跡是：

a. 薄扶林道 92 號：雨巷詩人戴望舒曾居住於此，故取名 "林泉居"。

b. 薄扶林道 119-125 號中華基督教墳地：內有文化名人許地山墓，許曾以 "落花生" 為筆名，並有名篇《落花生》、《空山靈雨》問世。

c. 香港仔華人永遠墳場蔡元培墓：蔡元培為一代著名教育家，浙江紹興人，曾任民國政府教育總長，北京大學校長。早期參加反清帝制，並制定中國近代高等教育第一個法令——《大學令》。1933 年還倡議創建中央博物館自兼任理事長。1940 年 3 月

5 日病逝於香港。

　　d. 鴨脷洲：作家鄭雄（筆名海辛）曾著《香港仔的魚蛋及街渡》一文，講述遊鴨脷洲的經過。

　　e. 海洋公園：香港詩人吳美筠寫《海洋公園剪影》一文。

　　f. 淺水灣 100 號淺水灣酒店原址：著名作家張愛玲以淺水灣酒店為背景，寫下了名篇《傾城之戀》，在當時影響頗大。

　　g. 淺水灣海灘道蕭紅墓舊址：著名文學家，革命青年蕭紅曾在香港著有《呼蘭河傳》、《馬伯東》、《後花園》等名篇。

　　h. 中灣：香港詩人黃國彬著有《十一月在中灣》一文

　　i. 石澳：香港詩人蔡炎培寫《石澳之戀》及《石澳名篇》。

　　j. 赤柱聖士提反書院：近代中國著名教育家、文學家胡適，安徽績溪人，以倡導白話文，領導新文化運動名於世，19 歲留學美國，曾訪聖士提反書院喝下午茶，作過演講云“看海上的斜陽，風景特別清麗”。

　　以線性遊覽，串連遊覽南區近代歷史文物景點，可激活成文學徑引起集體回憶，是值得提倡的一種遊賞方式。也可以通過這一條文化人在香港留下歷史點滴的文學徑，使香港人，尤其是年輕的一代了解這些文人們在香港的生活，進而激發他們對文學創作的興趣。

4. 孫中山史蹟徑

　　孫中山先生早期在香港求學並進行過不少革命的活動，因此，香港古蹟處於 21 世紀初在一些歷史紀念點連串起來，設置了一條孫中山史蹟徑。這條徑是由港島的西環高街開始，經上環到中環的擺花街為止，步行全程約 1 小時，其中共有 13 處歷史紀念點，如孫中山上過的皇仁書院、香港大學以及進行早期革命活動的場所，如“四大寇”的聚會地，近有他做過禮拜的教堂，興中會會址，和幾處策劃過武裝起義的地點等等。現在這些紀念點沒有設置相應的休息園地，但作為紀念孫中山革命全過程的建築物，配以簡要說明的導遊牌和歷史照片完全可以作為創作紀念性園林徑路的一種啟示，也是旅遊人士懷念歷史偉人的一種珍貴的線性景觀。

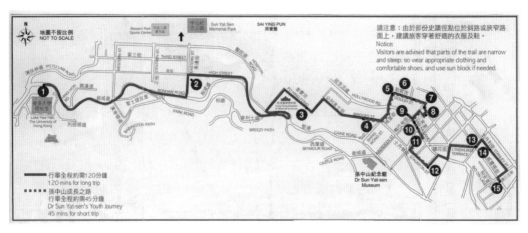

※ 孫中山史蹟徑示意圖

※ 孫中山史蹟徑第六站與第十四站

㈣ 遊賞類徑

1. 家樂徑

廣闊而與城市交錯佈局的郊野公園是香港人短期（星期六、日）休息、遊樂的主要場所，尤其是老年人、孩童等通過政府所設置的各種徑路，如家樂徑、親子行山徑、輪轉徑和自然郊野徑，一家大小去遊賞香港美麗的自然山水，以及豐富多姿的動植物生態。

目前，僅僅由漁農署設置的家樂徑，就有近 20 條之多，一般以平地或緩坡地為主，一家大小十分輕鬆愉悅的在 1-2 小時內可以遊畢。這是一種極受香港家庭歡迎的假日休閒方式。為了增加遊樂的趣味，除靜賞大自然美景外，政府部門還特別設有一種均衡定向徑取悅於遊人。那是一種越野的戶外活動。通常是設定一個或數個目標或特定的任務，由參加者在野外去尋找目標，完成任務，先找到者為勝可獲獎。設定目標者要有均衡的思考及定向的指示，這種遊戲活動，可提升遊人的興趣，啟發一定的智趣，也是很受歡迎的。

2. 東涌藝術徑

近年來，房屋署又在東涌新市鎮的首批興建的逸東屋邨，將藝術送到家門口，設置了一條東涌藝術徑。

東涌逸東邨藝術徑是香港房屋委員會管轄下的全香港第一個顯示的線性景觀路徑。它環繞着逸東兩個屋邨，以藝術雕塑和門廊書畫的形式，展示出該屋邨的歷史和地方特色，增添了整個屋邨的藝術景觀和氣息，營造和提高了居民日常生活中的文化意識與歸屬感。如"魚米之鄉"、"一網千斤"的雕塑就表現了昔日東涌盛產稻米及居民捕魚為生的理念。在 26 種藝術形象中，大多數是以大自然中的動植物為題材來創作以啟示人們保護自然，營造美麗舒適的宜居環境的。如劉小康的"自然在人"就以雕塑來說明東涌由一個古舊的防衛站發展成為擁有世界一流的國際機場的新市鎮，人們在享受現代科技及城市發展成果時，亦應反思發展對自然帶來的衝擊與破壞。

　　逸東邨是進入 21 世紀初，由香港政府房委會在東涌新市鎮興建的首批公共屋邨，當時就以"現代桃花源"的理念來構思這一處美麗、舒適、寧靜的宜居環境的。

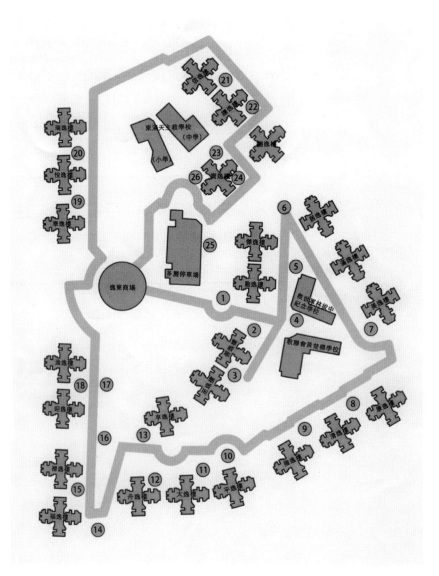

※ 東涌藝術徑

※ 雕塑 "門"（唐景森、陳國文作品）（上左）、雕塑 "人與自然"（上右）和雕塑 "東城紀事一庭"（下）

※ 雕塑 "家園"（李樂迅作品）

※ 雕塑 "一網千斤"（朱漢新作品）

※ 雕塑 "東城紀事一家"（莫一新作品） ※ 雕塑 "彩雲處處"（李豐雅作品）

※ 安逸的居民

※ 雕塑 "和平之門"（上）、雕塑 "兩水相逢"（下）

3. 海濱公園（長廊）

香港是一個海港城市，海岸線長達 800km，早在 20 世紀政府就已在海濱設遊覽徑，觀景廊及公園。1957 將港島東區的填海地建了全港面積最大的維多利亞公園，面積達 19hm²，現在已發展成為以體育運動為主的綜合性大型公園；1970 年代中期，又在中環海濱建了一個中環海濱公園，以一列 10 個大方亭為主體，方便這一帶職工午餐休息為主，1990 年代又在西環卑路乍街填海造地，建了一個以展示航海船舶器具為主的特色公園（但這個公園，因碼頭的擴建而被拆毀了）。漁農署的海岸公園計劃是在郊野公園內建四個公園，即印洲塘、東平洲、海下灣、沙洲及龍鼓洲，另建一個鶴咀海岸保護區。直到 2005 年在上環又建成中山紀念公園，在大埔、荃灣都已建有海濱公園，在土瓜灣建有海心公園，赤柱建有春坎角公園、海濱廊，此外，還有城門河海濱公園，沙田馬鞍山公園等，都有濱海濱河的單車徑。至於將來的西九龍與東九龍的新填地，會將香港的海濱帶入更先進更現代化的園林境域。

特別需要提的是大埔海濱公園。公園佔地約 22hm²，斥資 2.1 億元興建，是康樂及文化事務署轄下最大的公園。公園設計最大特色是整個公園仿如坐落在一個山丘上，以中大部分為最高點，向四周伸展。遊人可於這景點瞭覽公園全景，亦可登上香港回歸紀念塔將吐露港及四周景物盡收眼底。

※ 中環海濱公園

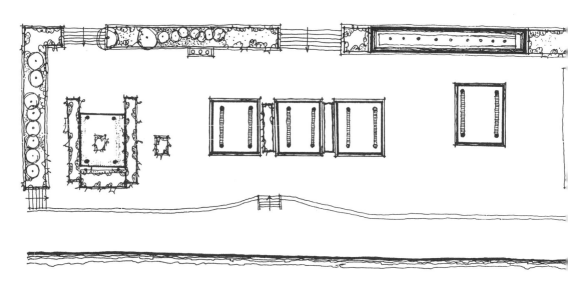

※ 原香港中環海濱公園示意圖

※ 中環海濱公園

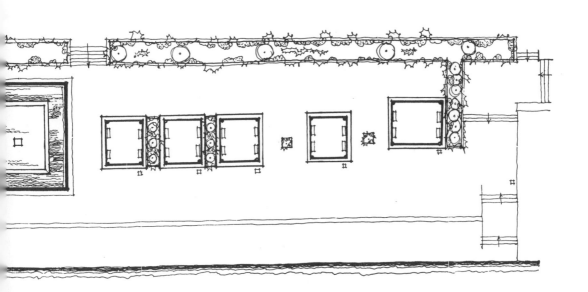

⑤ 功能類徑

1. 郊野的自然古道

路，是人走出來的，人們有物流生活和人際關係來往的兩種主要的路徑的需要（在古代，交通以步行肩挑或小型人力推車為主），道路盡是以直為主，可以縮短距離，但又不得不依賴於山、川的阻隔，過山水宜繞行，固此古代的山道，多因到達目的地之中的山水地形而設，依最短距離的地勢而曲折上下。而香港現存的古道，多為石蹬古道。至今還保留的尚有 10 餘條古道。其中多數都沒有修整，除少數遊人或研究者外，亦少有利用價值了。但這些古道，有如人體的靜脈，在歷史上是起過作用的。它不僅起着交通指引的作用，而且還可由古道去追尋歷史城鎮興衰，考察香港作為一個海濱港口及其大面積腹地相互依存的關係，故應加以保護並作一些相應的歷史記錄。

據報導，在港島西南的薄扶林道西邊，就有一條特殊的“極速山徑”，依山而築有六個平台，每一平台都留下了著名人物的詩文紀事，由上而下分別為：

一曰太白台

二曰羲皇台

三曰青蓮台

四曰桃李台

五曰學士台

六曰紫蘭台

這個具有西環六台的極速山徑尚沒有見到正式出版的史書記載，亦有一說為“西環七台”者，暫時也沒有考證，但僅僅從上述雜記所云，已被視為香港唯一的一條“詩仙之路”，並已有七八十年的歷史。據云不少電視劇已在此地取景，也就成為一條頗具文學色彩的香港古道了。據研究香港郊野古道的著名專家梁熙華先生所云，目前香港較具規模的石蹬古道可如下表所示。

表 7-2　香港石蹬古道

香港島	中環炮台徑、張保仔道、薄扶林水渠道、香港仔金夫人馳馬徑、大潭引水道、大浪灣自然教育徑、大潭的上塘與中塘間的裙帶路、極速山徑（尋詩之徑）
九龍・新界	水牛山古道、慈沙古道、甲龍林徑、苗三古道、白牛石徑、新娘潭、大老山北、茅坪梅子林、大帽山……
離島	昂平古道、昂禾古道、鹿湖古道、蠔涌

2. 城市街道天橋畫廊

由於香港的街道交通頻密，房屋毗連，單靠街道頭尾的人行橫道線極不方便，故多設有天橋供行人使用，故天橋的美化就成為香港市容的一項重要工作，通常都以在橋欄上懸掛花籃的方式，獨有灣仔區則以美化天橋上的柱子，發動民眾親自動手將本區的歷史文化繪在數十根柱子上。既為灣仔的歷史情懷作了宣傳，加強了本區人們的歸屬感，又使單調的天橋空間增添了美麗的市容，應該說，這是城市線性景觀的一種成功的嘗試。今簡述其興建過程如下，或者還能從這次工程中獲得更多的社會效益呢！

中環半山行人自動扶手電梯是為解決在這一帶十數萬職工每天辛苦爬山的困難而興建的。1993 年啟用，其利用率為 3.6 萬人次／日，起點是德輔道恒生銀行，途經中央街市、閣麟街、擺花街、些利街、荷里活道，終點為半山干德道。這條電梯道是根據城市建築現狀的地形在密集的建築群街巷中擠出來的一條單向自動電梯及三條行人道。期間有 20 處可隨意轉換方向，由於兩旁古舊建築密集，電梯似乎緊貼兩旁的店舖，就好像是人們自動地逛街購物般，因而中環的那些有名的老字號瓷器店，藥店等都能近距離地展示在行人電梯裏，人在緩慢爬行的電梯裏，移動式欣賞着兩亭古舊的香港街區與那顯然衰弱的店舖徑道。這種新舊對比的城區景況，自然就使這條電梯成為來香港懷舊的一條線性景觀帶了。所謂＂單向＂也就是電梯的啟用採用潮水式設計，即上班時間只載客由山頂下中環，下班時，則載客由中區上半山干德道，而不是上下行同時可載客。這樣就大大減少了電梯佔用的空間。

※ 天橋畫廊

※ 中環半山自動扶梯

表 7-3　香港古道表

序號	名稱	特點
1	苗三古道	有青幽的石澗，完整的客家村荔枝窩，由烏蛟騰起步至新娘潭，長 2.6km
2	昂禾古道	已重修
3	鹿湖古道	—
4	昂平古道	由西貢至昂平
5	蠔涌古道	—
6	水牛山古道	俗稱 "萬里長城"，比較完整
7	新娘潭古道的石磴鋪路面	—
8	大浪灣古道	—
9	張保仔古道	—
10	黃竹山古道	行程僅 10 分鐘
11	慈沙古道	連接九龍與沙田
12	大老山古道	—
13	茅坪古道	—
14	梅子林古道	—
15	白牛石徑	位於林錦公路白牛石附近，長 1km
16	大帽山古道	其中的甲龍林徑迂迴平坦，形成了人造林中的雀鳥天堂

3. 回歸徑

這是一條結合植樹節的紀念性徑路。正當 1997 年 7 月 20 日在荃灣城門谷公園由臨時區城市政局及荃灣各界慶祝回歸委員會主辦的"一九九七回歸植樹紀念日"時，在城門谷公園內設置了一條"回歸徑"，徑旁栽種了 90 株細葉榕和 7 株高山榕樹。其餘還有 1,900 株灌木青桑，意味着 1997 年 7 月 1 日這個值得慶賀的重要日子。

荃灣城門谷公園佔地 10.73hm^2，回歸徑的設置，為以植樹慶回歸開了一個城市線性植物景觀紀念的先例，寓意着回歸的永遠長青和美麗。

天橋畫廊

天橋畫廊　美化工程

灣仔濃情　歲月見證

時光飛逝，物換星移。灣仔幾歷了百年變遷，一個世紀以來，社區不斷發展，同時留下了不少珍貴的歷史足跡和深厚的文化底蘊。

為見證歷史的變遷，並讓市民參與美化社區環境，灣仔區議會、灣仔民政事務處及聖雅各福群會於二〇〇〇年春合作進行了"天橋畫廊"美化工程。該工程以"灣仔五十景"為主題，繪畫灣仔今昔景物的對比，同時希望透過加入社區藝術創作的元素，讓市民一同保存歷史文化，加強社區歸屬感。

二〇〇五年，灣仔區議會及灣仔民政事務處決定撥款進行"天橋畫廊"翻新工程。在灣仔區議會文化及康體委員會的支持下，聖雅各福群會於同年 11 月 20 日動員了超過 500 多名兒童、青少年、婦女、長者和弱能人士，一同為畫稿着色。眼前所見重新製作的"灣仔五十景"全是來自各社區團體、學校及工商業機構的成員同心合力創作的筆觸。這些圖案不單展示灣仔的特色，更同時體現了社區的凝聚力。

"天橋畫廊"翻新工程得以順利完成，實有賴各界的支持和參與，在此謹向致力社區的聖雅各福群會、提供創作及悉心提供指導的弘仁集團，以及熱心參與"天橋畫廊"翻新工程的灣仔居民及團體致以衷心謝意。

灣仔市區小工程計劃工作小組

二〇〇六年二月

第
八
章 —————— 香港寺觀園林的

發展

香港寺觀園林概況

宗教信仰自由是香港居民享有的基本權利之一，受基本法的保護。更由於香港是一個國際性的大都會，世界各地的宗教，也會隨着政治、經濟、社會文化的交往而傳入香港。如天主教、基督教、回教、印度教、錫克教、猶太教等等，都擁用不少信眾，而不少的宗教團體也在香港舉辦學校或提供社會福利設施。

總體來看，在香港仍是以中國傳統的佛寺、道觀及民間信仰廟宇為主。據政府部門統計，佛寺道觀總計約有 600 餘所，而據華人廟宇協會統計則為 300 餘所，其中頗具規模的寺觀只有數 10 所。這些寺觀多擁有不同大小的園林及設施。其中建設最早的為東晉時期的屯門青山禪寺，距今已有千餘年歷史了，而香港寺觀建設，主要在 20 世紀的中後期。這和香港的經濟發展是密切相關的，經濟愈發展，則寺觀建設越多，越講究。如在 2013 年修建的大埔慈山寺，其造價超過 10 億元，建有世界第二高的觀音佛像，還遠道從印度運來的 4 株達 30 噸重一株的菩提樹，其價值可想而知。本章僅從中國傳統的宗教——佛寺、道觀及民間信仰三大類來表述寺觀園林的類型與發展。

表 8-1　香港寺觀園林簡表

序號	寺觀名稱	創建年代	園林特色
1	青山禪寺	東晉	懷渡遺跡，古樸清幽
2	寶蓮禪寺	1906	花果滿寺，菊桂飄香
3	觀音寺	1910	古榕覆蓋，庭院寧靜
4	志蓮淨苑	1936	唐風神韻，高雅自然
5	萬佛寺	1949	蜀漢造型，栩栩如生
6	極樂寺	1955	地藏菩薩，化身百態
7	妙法寺	1960	建築藝術，融匯中西
8	半春園	1967	林泉池石，靜修勝境
9	西方寺	1970	自求多佛，結合自然
10	蜀漢寺	1971	泉洞清涼，含笑花香
11	龍山寺	1986	七級浮屠，現代氣魄
12	嗇色園	1921	五行俱備，咫尺山林
13	蓬瀛仙館	1929	館寓三山，太極流芳
14	圓玄學院	1950	仿京帝苑，園林精華
15	雲泉仙館	1944	荷香菊香，石稚山幽
16	青松觀	1950	乾坤咫尺，道合自然
17	萬德苑	1972	山林意境，世外桃源
18	慈雲閣	1977	見縫插綠，聚桂成林
19	淺水灣神像群	1970	多佛多神，民間信仰

寺觀園林
實例

1. 志蓮淨苑的南蓮園池

位於九龍鑽石山的志蓮道，面積 3.3hm²，原址背山面海，為一家富戶名叫陳七的別墅花園。陳氏篤信佛教，他獲知有覺一及葦庵兩位法師，有志在本港創建一個傳統的女眾出家場所。於是將他的花園廉價出售給這兩位法師設庵。這兩位法師就於 1934 年在此創辦了一所寺院作為女尼修行的十方道坊，取名曰"志蓮淨苑"。8 年之後葦庵法師圓寂，由靄亭法師繼任住持，此時，恰逢抗日戰爭，香港淪陷，建寺工作極為艱難，直至 1948 年，初步重建完工才正式開光命名啟用。到了 1998 年，又結合城市規劃重建，主持其事者為宏勳法師。她是一位學識淵博又獨愛中國唐代盛世建築的住持，故重建後的志蓮淨苑，完全為盛唐時的一片宏偉壯麗的建築群。她以盛唐遺存的山西絳縣的衙門府建築群（絳守居）為範例，局部加以創新的構件，成為香港佛寺園林的翹楚。

這座龐大的建築群主體，採用傳統的四合院形式，分三進由南向北依山而建，第一進為天王殿前院，名為蓮園的公園，南大門入口為山門，三開間，歇山頂，又稱三門，寓意佛教的"三解脫"法門，故三門有如明燈，指引眾生走向解脫之路。進入山門後，庭院以十字路劃分為四個蓮花池，盛開的各色珍貴蓮花，飄植水面，表徵為人間淨土，庭院南廊之側，左右各植山茶花四株，構成此庭院的自然景觀。

天王殿後院為第二進，主殿為大雄殿，莊嚴渾厚，內奉釋迦牟尼佛及文殊、普賢二菩薩，迦葉及阿難二尊者。庭院則以十字路分為四塊綠地，植有各種造型的羅漢松及盆景等，也是生意盎然，件件入畫。而在其後庭內，種植着兩株近千年的古羅漢松，生長茂盛、古拙，其兩旁的側庭內則配以石簡、竹類與之相襯托，創造一種恬靜、雅致的園林氣氛。

※ 志蓮淨苑大門（上左）、南蓮園池（上右）和南蓮園池睡蓮（下）

※ 南蓮園池中心的拱橋（上）、圓滿閣（下左）和荷花池（下右）

※ 庭內樹木

※ 跨水建築（上左）、大雄寶殿後庭的羅漢松（上右）和疊水與整形植物景觀（下）

※ 青松山

※ 榕樹園（左）、南蓮園池的蓮花水簾（右）

※ 志蓮淨苑首進庭院（上）、第二進庭院（下）

第三進為法堂和藏經樓，其前庭栽植修剪的花葉勒杜鵑，地面則為草上嵌石路，呈現自然活潑的庭院風格。

在主體建築群的東部，還有一組佛寺的現代建築群，用作禪院、安老院、圖書館和專上佛學院等，其中穿插着的庭院內，均種植多種香花植物，如桂花、九里香、山茶花等，設計成傳統的山水園形式，或擬構為唐式枯山水庭。院中也有不少精緻的盆景，顯出十分高雅的氣氛。

在淨苑東北的山坡高處，又修建了一個七層浮屠寶塔，取意於"崇德報恩"，在精神淨化之後，境界層層上升體現"心中自有靈山塔，佛在心中勿遠求"之禪意。

總之，從志蓮淨苑的規劃建築上，對於其庭園及樹木花草的種植，處處都能使人感到精緻、高雅、寧靜、心淨的意境，的確已成為中國寺觀園林的優秀佳作。只是在一些修剪樹木種植量及景觀上，則往往為遊人所詬病，蓋未曾見到有如此修剪植物之歷史記載也。

2. 妙法寺

寺院位於屯門北的藍地青山公路藍地段，是由洗塵和金山二位法師於 1948 年來港後，經過十餘年極為艱苦的努力，在 1960 年購置了藍地的張園而創立的一個十方四眾道場，佔地面積約 1.48hm²，命名曰妙法寺。它是香港佛寺中頗具特色的一個寺院，它由洗塵法師首創了中國佛教"短期出家弘法"之先河，主辦過一年一度的"剃度大會"，以夏令營形式，方便社會人士來此體會方外的生活與心境，故參加人數日益增多。

21 世紀初，開始擴建參拜的新區，因而形成了傳統與現代兩個絕然不同的主體建築風格。從整體來看，其規劃佈局也不是採用庭院層層漸進的四合院傳統形式，而是因地制宜，向高空發展，主建築萬佛寶殿為傳統的大屋頂形式，寺內供奉的佛像、浮

※ 妙法寺大門（上）、庭園鳥瞰（中）和假山（下）

※ 妙法寺園景

※ 妙法寺蓮花大殿模型（上）、蓮花大殿（下）

※ 妙法寺新建的金剛塑像（上）、鼓樓（下）

※ 妙法寺新建蓮花大殿開放日（上）、招財樹（下左）和菩提樹（下右）

雕、裝飾等均按傳統形式塑造。內壁塑萬尊小佛像，殿內則有一對高達三層佛殿的金色巨龍，纏繞着紅磚砌成的大柱，龍頭相對前視，龍身盤纏如遊龍尾突兀起翹，栩栩如生，儼若護神大將，金壁輝煌，神采威猛，入口兩旁更設置石獅、麒麟及六牙白象各一，與雕龍相應，真是瑞獸守護，氣勢非凡，香港獨有。

妙法寺的園林佈局也與他處不同，一般寺院的園林多設於主體建築的後院或側院，而妙法寺的園林，則位於寺前廣場，緊臨城市街道。既可作為城市行人短暫休息之所，又可成為寺院與城市城市之間的隔離綠帶。園林內有假山、石壁、洞穴、洞中有佛像龕，石壁下有小小的放生魚池，假山之頂種植不同開花季節的花灌木，如曼陀蘿花、變葉木、大紅花等，還設有一個僅 4m^2 的方型植壇，壇中密小喬木羅漢松 12 株，用作“假植”的小苗圃一般，喬木下以一串紅作地被植物，略具“微型森林”的韻味，而在假山堆疊之中，又注意到與樹木結合，在一株山茶樹下，以高低不同的自然山石作成洞穴，可栽種相當的植物，使人造的假山與自然的植物共同的綠色空間。至於寺院的樹種選擇，更是堅持了一項“人無我有”的原則，盡量引進本港沒有或少有的樹種，如無憂樹、花葉橡樹、綠珠果或招財樹等。

1993 年洗塵、金山二位開山法師圓寂之後，由修智法師繼任住持。他是一位很有學識的高僧，並具有與時俱進、開拓創新的精神，對寺院建設作出了更為宏偉的規劃。他特請香港的名建築師，設計了一座面積達 13,000m^2 的超前的綜合大樓，整個重建工程包括了集佛殿、圖書館、大會堂、文教福利設施、安老院及物理治療中心等等。大樓主體建築的造型為倒金字塔形，頂層的大雄寶殿則如一座碩大的水晶蓮花，彷彿立於一座“須彌山”上，並盡量採用新建築技術，大殿內無立柱，可進行大型的佛事活動，長者及傷殘信眾均可乘電梯直達大殿，四周為通透的玻璃窗，信眾可以從多個角度景仰到殿內佛陀聖像，屋頂還設有太陽能發電設備，沒有煙囪，以保護環境。

總之，重建的設計概念是以實用、環保為主，摒棄傳統建築群不合時宜的設計，所有裝修，不求花巧，便於日後維修養護，糅合傳統與現代的格局，去蕪存菁，實乃宗教建築之創新、改革，已成為香港甚至中國僅有的一座極具時代特徵的現代佛寺建築，也是 21 世紀寺院建築改革的成功先例。新區部分的園林則比較分散，多在建築物旁栽植花草，擺設盆景，而小品建築如鏡鼓亭則亦有創新，可設架爬蔓、綠意盎然。

3. 西方寺園林

西方寺位於荃灣老園村三疊潭，與園玄學院相鄰。始建於 1970 年，因資金不足，建築簡陋，又經 30 年的風雨剝蝕，岌岌可危，於是，業主萌發重建之想，乃多方籌募資金，歷 10 餘年的艱辛努力，終於 2003 年 3 月 21 日重建落成開光，全寺面貌，煥然一新。

重建後的主體大殿仍為中國的傳統建築形式，入口有中式的三開間大牌坊，大殿房屋擴大，以適用各種佛事活動之需，頗有氣勢，大殿之後，並建有萬佛寶塔，氣勢雄偉，但從整體來看，由於用地並不寬浩，又缺乏前庭廣場，從大門望內，仍有建築緊逼之感。但順路而行，卻又見建築之間，仍有亭台曲水，綠意盎然的一片生態景觀，其園林具有與一般寺觀迥然不同的特色：

將佛像搬出室外，融入綠色之中，境內坡地幾乎全部為綠色覆蓋，將佛像分散立於綠叢之中，凸顯出寺廟的特色，時時讓佛陀的旨意記於心中。

重視斜坡綠化，以植物修剪成寺名、塔形、八角形等觀賞（植物為黃楊、女貞、紅綠草等）。

在山坡豎壁上，又以青石鑲嵌一幅幅的故事浮雕，便於宣講又節約用地。以上措施構成西方寺的園林特色，產生了不一樣的園林意境。這對於用地缺乏的寺觀園林，也是值得借鑑的一種有效措施。

※ 西方寺大門（上）、萬佛寶塔（下）

※ 寺中一角

※ 方亭及亭旁水池汀步

※ 佛像群

※ 寶塔型植壇（上）、寺名植壇（下）

※ 立式佛像群（上）、送子觀音佛像（下）

4. 萬德苑

萬德苑位於大埔林村的梧桐寨，是香港萬德至善社於 1950 年集資興建的道教全真龍門派的道壇場所，面積 9,300m²。場址處於大帽深山幽靜的梧桐寨，依山而建，面向兩山之間的谷口。主體建築採用中國傳統的歇山屋頂形式。其他建築則依山勢層層疊疊，隱於山林之中的殿宇均用黃色琉璃瓦，黃綠對比鮮明，隱綠之中亦顯山巍峨之態。其左側林內不遠處，更有梧桐瀑布，夏季雨水滿盈，飛瀑聲聞數里是為萬德苑之一勝景。

而由林村來苑，沿山有一條曲折的萬德徑，青松夾道，翠柏參天，鳥語花香，更增添萬德苑一種桃源意境，正如大門牌坊柱聯所云：

> 飛瀑清泉，河圖洛書，顯示梧桐仙境。
> 霧峰環翠，南山古洞，內蘊世外桃源。

和港九市區鱗次櫛比的高樓大廈群相較，萬德苑的境域稱為香港的世外桃源是毫不誇張的。

從園林的另一方面看，萬德苑的文化內涵也補充了桃源勝境的景觀。

由林村入苑的萬德徑左側山頂有兩塊巨石相疊，相傳為古代的河圖與洛書石。這是人為觀感所賦予石頭的一種文化包裝，說明古代文化的淵源，可引起今人的一種哲學思考。

其次是在不同的建築物上，多有匾聯數幅，如水月庵的內聯曰：

> 紫竹林中菩薩淵水月，
> 青蓮座上觀音坐嚴塵。

另一處聯曰：

儒釋道同源，四書具葉齊道德，

聖佛宣教化，五經楞嚴重黃庭。

這兩幅對聯賦在水月庵建築上，說明了道教龍門派是主張"三教同源"的。

又如五福軒建築的內、外聯曰：

內聯

瓊軒福地毓秀梧桐寨，

經閣雲台繡靈萬德心。

外聯

五福並臻壽福康德考，

齊合瀰佈陰陽日月星。

這些都表現出道教擇善地修道，參悟天上人間觀念的追求。

還有，在八仙亭平台上有碑刻詩一首：

萬世流芳南山豎，洛書疊影燿梧桐；

溪石清泉皆為水，鍾靈毓秀建聖宮。

闡揚三教積德厚，護土安民聖意濃；

純陽度靜民間苦，善門康莊見大同。

這些詩碑和楹聯都說明道觀的自然環境優美而靈秀，才能成為真正的人間仙境。

再次，萬德苑有一尊著名的詩仙——李白的臥像。這是表現唐代詩人李白一生都以謫仙自譽的磁塑像，為臥像，其旁放置杯

※ 萬德苑全景（上）、由萬德徑遠望山上 “河圖洛書石”（中）和大帽山飛
　　來奇石（下）

※ 梧桐寨瀑布（上）、李白醉酒塑像獨柱亭（下）

※ 萬德苑呂祖殿鼓亭（左）、仙人承露竹子柱（右）

※ 獨柱亭

和筆硯，左手持仙草，似正在醉酒中。杜甫曾在《飲中八仙歌》中寫道：“李白斗酒詩百篇，長安市上酒家眠。天子呼來不上船，自稱臣是酒中仙”說明了李白狂放不羈的個性，不過他對道教的追尋，則是頗為落為的，比如他隱道山林，研究道經仙傳，受法籙，煉丹藥等都是他探求道教文化的生活體驗，再加上他本人的詩才橫溢，故能為道教的傳佈創造了不少美麗仙境和故事。因此，這一塑像的設立是特有的園林文化的表現，是一種很有文化意蘊的園林內涵。

總之，萬德苑的園林，雖沒有集中成片的園地，但它設立在具有方圓 2.6hm² 的山林之中，苑內層層疊疊的黃色琉璃瓦建築映着錯落有致、蒼翠如碧的山林，再賦予那意味深厚的園林文化，的確是香港寺觀園林的一朵奇葩。

5. 淺水灣神像群

淺水灣是香港島南區最著名的一處海濱沙灘勝地，沙灘深入陸地，風平浪靜，有“天下第一灣”之稱，是香港宜於設置游泳運動的理想場所。故在 1965 年 2 月，由香港拯溺總會修建了訓練總部的主體建築——鎮海樓。又由於海濱居民的出海捕魚，一向都有求神拜佛保平安的願望，故在 1970 年於鎮海樓前的左側修建了一座高 35m 的天后巨像。傳說天后是保佑漁民的拯救神，每逢農曆 3 月 23 日為天后的生辰日，漁民都來此參拜，祈求風調雨順，保證平安。到 1975 年，又在鎮海樓前另一側修建了一座與天后巨像等高的觀音巨像，兩像的建立與鎮海樓一道就形成了整個淺水灣的核心地區。從此後來朝拜的人日增，隨之又圍繞着兩尊巨像，陸續地增添許許多多不同信奉的中小神仙佛像及種種民間各自信仰的神佛像、牌位燈柱、神龕以及碑刻、雕塑等等，還有琳瑯滿目、姿態迥異的門廊、小橋、龕位等等，並有文字說明及聯匾，其密度之高，凡乎達到了一步一神位的程度。

※ 淺水灣神像群（上）、天后像的壁雕（下左）和四面佛像龕（下右）

※ 福體像（左）、如意佛標誌（右）

※ 接福神（左）、觀音賜壽佛像（右）

※ 河伯神像（上）、淺水灣福壽亭橋（中）和福壽橋遠景（下）

佛像之豐富也是極多樣化的，除主要的三教之外，更多的民間信仰神佛，如財神、土地爺、太上老君、月老，以及瑞獅、壽龜、天馬、河伯、三羊啟泰等等不一而足，反映了人們生活的各個方面的需求。這樣的神像群，在全球海濱城市中恐怕是獨一無二的了。

　　總之，淺水灣以其海灘之優良，民間傳統信仰之豐富，宗教文化之濃郁，佛像之多、密度之高而聞名遐邇。區區之地，遊人數量多達萬人次每日。它反映了中國民俗文化的多樣性，歷來具有公共遊覽的性質，而且與大自然海灘渾為一體，正如其中一塊字碑所云："晨曦多秀麗，金浪護慈航。鱷魚游綠水，福利近海樓。"又如淺水灣碑亭聯曰："水不在深，有龍則靈""港不在大，有香則名"。這些都說明淺水灣是香港一處極具特色的名勝，也是具有宗教園林文化的一塊淨土。

結語

　　綜合上述各章簡要的敘述，從總體來看，香港的園林是相當優秀的，也是很有特色的，但作為一個聞名全球的國際大都會，展望未來時，總覺得還是有一些值得再提升的建議：

　　一、加強本土化的特色。香港是中國南方重要的門戶和櫥窗，歷史上記載着西方人來中國的第一個入口就是嶺南的廣東省，而香港位於嶺南珠江的出口處。據研究，香港是在千餘年前的宋朝進入嶺南社會的歷史舞台。從地理來說，香港從來就是中國嶺南地區的一個海島，而中國的園林，早在近代就已被西方人認為"世界園林之母"。這個歷史賦予的地域淵源，雖然沒有在香港留下甚麼著名的實例，但其脈絡的浸潤是有的，如香港的四大名園。

　　而英國殖民者的侵佔香港，正是處在她拓展土地的繁榮時期，150餘年對香港園林的經營，也留下難以抹殺的歷史痕跡。因此，在這中西方交匯的歷史時期，所產生的園林，又創造出一種中西合璧的園林風格。這是香港本土園林發展的歷史必然，也成為香港園林風格的海洋文化的一個基本特質，又作為近代的一個警世的記憶標誌。

　　自然景觀方面，有海洋動物的靈性表演，海水自然景觀的海潮、海嘯、落日、朝陽等景觀的呈現，以及海洋人文景觀的展示為海洋文化詩情畫意賞析，歷史社會對海洋的爭奪，一直到海洋資源的利用、海船風帆的發展等。

　　中國傳統園林的基本形態是山水園，海是水態中最大最深的一種自然形態，香港是中國最大最富庶的海濱城市之一。因此，我們有充分的條件與能力來把香港逐步改變為一個最豐富、最美麗、最具有海洋文化深度的園林城市，成為一顆耀眼奪目、晶瑩嫵媚的明珠，屹立於世界的東方。

二、加強祖國優秀園林傳統中的可持續發展的內容。中國有博大精深的文化內容，滲透到現代園林化的主題園林之中，主題化園林在香港已初步實現，是已取得成效的一種園林類型。園林不論大小，都可以結合香港本地或整個中國的歷史、地理、文化、社會等等諸多方面，創造一些新型的、有個性的、有特色的大小主題園林，而不僅僅是止於一般性的休息和運動，要貫徹"精在體宜"的造園精神。在提升園林的文化內涵之中，更要注意到綠色植物在密集的城市中的生態作用。沒有植物不能成為園林，但一樹是可以成園的。香港市區已有這樣的先例，如昔日的中環太古大廈東側的小園林即是。

三、香港園林應該使香港名符其實地香起來。這個"香"字，不僅是發揮人們的嗅覺滿足舒適，有益城市環境的美化，引伸起來看，香港是"購物天堂"就是這種吸引力。

香港取名之由來，是由於往日以運送和經營檀香及沉香而名。因為這兩種植物有寧神安恬、舒緩的作用，用於海上人家拜神及保平安者多。但是這兩種奇木需要至少百年以上的生長，才能產出這種香木的功效。而我們今天是希望在這種人口密度高企，汽車廢氣污染嚴重的城市能聞到舒緩人們緊張的生活節奏的香味，產生一種寧靜、舒適的氛圍，哪怕只是短暫時間的停留，也是有功效的。因此建議香港大大小小任何空地，無論地方大小都種一些香花植物，尤其是在人流集中的地方更需要。比如車站、碼頭、街道、廣場、大廈、商場、人行天橋等處，都可用到香氣，無論時間長短，花香濃淡，都能為來到香港或居住香港的人們，飄來陣陣香風。這是簡單而廉價的一種措施，既作花草，

表 9-1　常用香花植物表

序號	中文學名	拉丁學名	生態習性	香花狀況
1	白蘭花	Michelia champaca L	弱陽性，不耐鹼土滯生力強	花大，白色濃香 4-5 月開
2	黃蘭	Miehelia Longifolia	陽性，不耐鹼土	花淡黃色
3	柑橘類	Citrus Fortune	陽性喜肥，抗性強	花白，果香橙黃
4	含笑花	Michelia Fusca ta Bl	喜溫潤	花白黑紅 5-7 月
5	瑞香	Daphne odora Thunb	陽性，好酸性土	花淡紅，紫色 3-4 月
6	桂花	Osmanthus Fragrans Lour	強陽性，喜濕潤	花黃白 8-10 月開
7	茉莉花	Jasminum Sambac Solana	陽性，稍耐蔭	花白色，極香
8	米仔蘭	Agla odorata Lour	喜溫濕，抗性強	花黃色，香，花期夏秋
9	玉蘭花	Magnolia clenudata Desr	陽性，稍耐蔭	花大，白色，先花後葉
10	臘梅	Philadephus Percinensis Ruer	陽性耐半蔭	花臘花花期初冬至春
11	月季類	Reso chinensis gacg	陽性耐寒	各色花，品種多 5-6 月開

何不有意識地以香花香草代之？至於香花的栽培管理是有些費事的，但這些技術問題，完全可以用不同的形式，如地栽、盆栽，適地適樹的研究解決。

四、創造多樣化的線性園林。香港是一個動感之都，人口密度很高，如何將動感引入園林之中，是適應香港地理條件及人流活動的一種重要方式。人體的血脈網絡是保持人體健康的生命線；城市的道路交通，是維持動感城市的血脈網絡；而線性園林則是維持市民生活、生態最富活力的綠色動脈。線性園林在香港發展之多，內容之豐，均首屈一指，就像中國"一帶一路"的倡議一樣，可以帶動中國、亞洲乃至世界繁榮，可以更豐富、更有效地發展，成為香港這個動感之都的美麗絕倫的綠色項鏈。

因為園林是最接近普羅大眾的一種具有海洋文化生態的載體，除上述情況外，希望香港園林的建設，可以以海洋文化為重點。現有的海洋公園已經在這方面起了良好的作用，但還可以進一步加強和挖掘海洋中自然景觀與文化景觀的特色，使香港的園林真正成為世界海洋文化推廣與深入發展的範例，達到寓教於樂，展現香港園林的特色之海洋之美，提高人們的審美意識與修養。這些有益的探索可以繼續下去，使中西合璧的園林風格對東方園林形態更為豐富。

參考文獻

序號	文獻名稱	作者	年份	出版機構	地點
1	香港百年史	黎晉偉	1948	南中編譯出版社	香港
2	縱橫馬鞍上（上下冊）		1986.11.16	文匯報	香港
3	昂坪古道重建天日	梁煦華	1986.12.2	文滙報	香港
4	歷史追索與方法探求：香港歷史文化考察之二	鄭德華	1999	三聯書店（香港）有限公司	香港
5	香港老照片（三）	石人	2002	天地圖書公司	香港
6	九龍城寨史話	魯金	2002	三聯書店（香港）有限公司	香港
7	挪亞方舟驚世啟示	影音使團	2005	青桐社文化事業	香港
8	老香港‧太平山下	吳昊	2005	次文化堂	香港
9	集體回憶之穿梭古今中、上環：尋訪香港文化的故事	何耀生	2005	明報出版社	香港
10	港英政治制度與香港社會變遷	劉曼容	2007	香港各界文化促進會	香港
11	香港離島區風物誌	梁炳華	2007	離島區議會	香港
12	香港風物誌	蔡子傑	2008	環球實業	香港
13	香港歷史散步	丁新豹	2008	商務印書館	香港
14	造園學概論	陳植	2009	中國建築工業出版社	北京

序號	文獻名稱	作者	年份	出版機構	地點
15	梅窩（離島系列）	彭暢超等	2010	奧運話郊野公園之友社	香港
16	郊野三十年	香港漁農自然護理署	2011	香港漁農自然護理署	香港
17	海岸情報	香港漁農自然護理署	2011	香港漁農自然護理署	香港
18	何東花園	鄭宏泰、黃紹倫	2012	中華書局（香港）有限公司	香港
19	文物古蹟中的香港史	香港史學會	2014	中華書局	香港
20	舊日風景	沈西城	2015	大山文化出版社	香港

附錄

港九市區公園統計表

區域		數量（處）
中西區		122
灣仔區		69
東區		66
南區		54
油尖旺區	油麻地	58
	旺角	31
深水埗區		57
九龍城區		97
黃大仙區		52
觀塘區		78
總計*		684

* 此外還有兒童遊樂場約 40 處

港九市區公園名錄

（一）中西區

公園名稱	面積 (hm²)	始建年月	公園名稱	面積 (hm²)	始建年月
香港動植物公園	5.7	戰前	柯士甸道眺望處	0.002	1961.9
炮台里小園地	0.20	戰前	大會堂紀念花園	0.28	1962.3
種植道花園	0.04	戰前	夏愨道天橋小園地	0.25	1962.3
貝路道休憩花園	0.04	戰前	夏愨道小園地	0.03	1962.3
九如坊兒童遊樂場	0.13	1958.11	如列山道休憩地	0.01	1962.5
花園道小園地	0.06	1959.3	下亞厘畢道小園地	0.20	1962.9
德輔道中／皇后大道中小園地	0.01	1959.7	亞厘畢道休憩處	0.04	1962.10
歌賦山里兒童遊樂場	0.01	1959.11	皇后碼頭花園	0.004	1963.3
愛丁堡廣場小園地	0.03	1959.12	山頂練靶場郊遊區	1.01	1964.8
麥當勞道小園地	0.004	1959.12	雅賓利道小園地	0.04	1965.7
高西郊野區	0.65	1960.3	馬己仙峽道花園	0.04	1965.8
松林郊野區	1.42	1960.3	維多利亞兒童遊樂場	0.12	1966.2
羅便臣道／西摩道小園地	0.08	1960.3	皇后像廣場	0.81	1966.5
花園道／皇后道小園地	0.02	1961.6	馬己仙峽道小園地	0.01	1966.8
山頂道瞭望處	0.02	1961.2	夏力道眺望處	0.04	1966.9
蘭桂芳休憩花園	0.04	1961.4	卜公天台花園	0.28	1968.2
上亞里畢道小園地	0.04	1961.8	舊山頂道休憩花園	0.02	1968.11
堅尼地道遊樂場	0.13	1961.9	己連拿利小園地	0.05	1968.12
柯士甸道休憩花園	0.04	1961.9	下亞厘畢道休憩處	0.004	1969.6
山頂公園	5.67	1961.9	堅道／亞畢諾道小園地	0.03	1969.10
堅尼地道小園地	0.08	1961.9	拱北街休憩花園	0.04	1969.10
			必列者士街街市兒童遊樂場	0.04	1970.9

公園名稱	面積 (hm²)	始建年月	公園名稱	面積 (hm²)	始建年月
干德道配水庫上遊樂場	0.44	1971.7	英皇佐治五世紀念公園	1.42	1959.3
蒲魯賢徑臨時遊樂場	0.55	1971.3	德輔道西／干諾道西小園地	0.01	1959.7
蒲魯賢徑休息處	0.004	1971.8	干德道兒童遊樂場	0.04	1960.11
永利街休息處	0.08	1972.4	居藍士街休憩處	0.089	1961.4
樂慶里臨時休息處	0.02	1972.5	城西公園	0.97	1961.5
僑福道小園地	0.05	1972.7	薄扶林道小園地	0.04	1961.6
僑福道休憩花園	0.32	1972.7	加侖台兒童遊樂場	0.04	1965.6
金鐘道小園地	0.004	1973	摩星嶺平民區兒童遊樂場	0.04	1966.8
佐治道休憩處	0.02	1973.4	石山街兒童遊樂場	0.04	1967.2
中環巴士總站休憩處	0.01	1973.9	西營盤郵政局兒童遊樂場	0.04	1967.3
忠和里休憩處	0.004	1974.6	羅便域道／旭龢道小園地	0.02	1968
榮華里休憩處	0.004	1974.8	士美菲路兒童遊樂場	0.04	1968.6
永利街休憩處	0.06	1975.9	薄扶林道巴士總站小園地	0.44	1968.8
太平街獅子亭花園	0.03	1976.9	蒲飛路小園地	0.40	1968.9
琳寶徑小園地	0.03	1977.6	水街兒童遊樂場	0.08	1969.8
市政局大廈休憩花園	0.08	1977.7	堅尼地城巴士總站	0.11	1969.8
堅道花園	0.21	1977.11	干德道休憩花園	0.13	1970.8
康樂花園	0.13	1977.12	加惠民處休憩處	0.08	1970.9
萬茂公園	0.69	1978.7	干德道／旭龢道小園地	0.04	1972
遮打花園	1.30	1978.8	摩星嶺道／域多利道迴旋處	0.02	1972
羅便臣道／衛城道小園地	0.005	1979.4	柏道／般咸道小園地	0.01	1972
林士街休憩處	0.19	1979.5	寶珊道小園地	0.08	1972
伊利近街兒童遊戲場	0.04	1980.5	干德道兒童遊樂場對面小園地	0.04	1972
澳門碼頭廣場小園地	0.05	1980.11			
歷山大廈西側小園地	0.007	1982.4			
金鐘花園	0.21	1982.10			
三家里兒童遊戲場	0.04	1984.4			
馬己仙峽配水庫遊樂場	0.14	1985.2			
卜公花園	0.61	1985.5			

公園名稱	面積 (hm²)	始建年月
堅尼地城配水庫游水場	0.81	1973.3
堅尼地城遊樂場	0.31	1973.8
石塘咀街市兒童遊樂場	0.04	1973.11
薄扶林道遊樂場	1.50	1974.7
正街天台兒童遊樂場	0.10	1978.6
蒲飛路休憩處	0.02	1979.4
皇后街休憩處	0.02	1980.9
克頓道休憩處	0.01	1981.4
摩星嶺道 / 薄扶林道小園地	0.02	1981.9
薄扶林道小園地	0.01	1981.5
薄扶林道小園地	0.01	1981.5
梅芳街休憩處	0.02	1982.10
旭龢道休憩處	0.05	1982.9
山道天橋休憩處	0.05	1982
薄扶林道休憩處	0.008	1982
般咸道休憩處	0.005	1982
荷里活道兒童遊樂場	0.07	1985.5
西安里兒童遊樂場	0.09	1986
華安里休憩花園	0.075	
琳寶徑休憩花園	0.146	1988.10
光漢台兒童遊樂場	0.19	1989.6
堅巷休憩地	0.33	
金鐘道 / 正義道小園地	0.4	1997.1
山道休憩花園	0.005	1993.8
荷里活道公園	0.45	1990.10
中山紀念公園	1.70	2015.6

（二）灣仔區

公園名稱	面積 (hm²)	始建年月
灣仔休憩處	0.128	1985.12
木棉徑休憩處	0.04	1957.7
皇后大道東 / 軒尼詩道休憩處	0.01	1958.11
司徒拔道小園地	0.04	1959.9
黃泥涌道休憩花園	0.20	1960.6
浣沙街兒童遊樂場	0.12	1960.3
堅尼地道小園地	0.02	1960.3
加路連山道小園地	0.01	1960.5
益礦道休憩處	0.12	1960.8
大坑道小園地	0.08	1960.10
司徒拔道花園	0.36	1960.10
黃泥涌峽道小園地	0.40	1960.11
皇后大道東休憩花園	0.08	1960.11
蘭塘道 / 成和道休憩處	0.20	1961.4
布力徑小園地	0.04	1961.9
軒尼詩道 / 莊士頓道休憩處	0.04	1961.9
灣仔峽公園	0.81	1962.3
萬茂台遊樂場	0.40	1963.9
寶雲道花園	0.40	1965.7
雲地利道花園	0.40	1965.10
灣仔街市天台遊樂場	0.12	1966.3
灣仔峽道遊樂場	0.04	1967.11
黃泥涌峽道休憩處	0.03	1968.8
灣仔碼頭休憩處	0.08	1970.6
駱克道遊樂場	0.20	1970.2
司徒拔道眺望處	0.02	1970.2

公園名稱	面積 (hm²)	始建年月
東華三院百周年紀念廣場	0.13	1971.3
寶雲道情人石公園	0.51	1971.12
德仁街兒童遊樂場	0.03	1971.12
銅鑼灣道休憩處	0.03	1972.12
海傍道小園地	1.85	1972
大坑道兒童遊樂場	0.12	1973.9
體育路休憩處	0.61	1973.10
灣仔新填地休憩花園	0.12	1974.6
灣仔峽道小園地	0.02	1976.6
高士打道／景隆街休憩處	0.02	1976.5
高士打道／菲林明道休憩處	0.47	1976.11
銅鑼灣花園	0.65	1976.9
堅尼地道休憩處	0.04	1977.2
黃泥涌道休憩處	0.01	1978.12
堅彌地街休憩處	0.03	1979.10
永寧街休憩處	0.02	1979.3
鵝頸街天台兒童遊樂場	0.12	1979.10
白建時道休憩處	0.03	1980.3
聯發街休憩處	0.03	1980.4
大坑徑休憩處	0.16	1980.3
灣仔天橋兒童遊戲場	0.33	1980.6
嘉寧徑花園	0.19	1980.8
大坑道／白建時道小園地	0.09	1981.11
堅拿道天橋休憩處	0.67	1981.12
高士威道迴旋處	0.03	1982.3
堅拿道天橋小園地	0.06	1982.4

公園名稱	面積 (hm²)	始建年月
大坑徑遊樂場	0.025	1982.5
馬師道天橋小園地	0.03	1982.6
東院道休憩處	0.08	1983.3
菲林明道天橋小園地	0.01	—
東院道小園地	0.13	—
摩登道遊樂場	0.18	—
船街遊樂場	0.006	1984.3
糖街休憩處	0.15	1984.9
樂活道休憩花園	0.08	1984.9
司徒拔道休憩處	0.056	1985.7
港灣道花園	0.15	1985.12
春園街休憩處	0.062	—
太和街休憩處	0.122	—
黃泥涌水塘公園	6.50	1980
大潭水塘道休憩處	—	—
灣仔公園	0.96	1992.9
海心公園	2.6	—

（三）東區

公園名稱	面積 (hm²)	始建年月
維多利亞公園	19.32	1957.7
高士威道小園地	0.04	1957.7
炮台山道花園	0.08	1960.3
天后廟道 1#2# 花園	0.40	—
炮台山遊樂場	0.20	1961.8

公園名稱	面積 (hm²)	始建年月	公園名稱	面積 (hm²)	始建年月
教民村遊樂場	0.04	1962.7	蓮花東街休憩處	0.02	1977.8
天后廟道 / 炮台山道	0.16	1963.3	天后廟道休憩處	0.02	1976.5
柴灣邨休憩花園	0.12	1964.9	大潭道 / 柴灣道小園地	0.12	1976.6
北角碼頭廣場	0.12	1965.6	柴灣道兒童遊樂場	0.04	1977.8
書局街遊樂場	0.04	1966.3	雲景道小園地	0.007	1977
健康邨遊樂場	0.45	1966.9	英皇道 / 銀幕街小園地	0.03	1977
英皇道遊樂場	0.40	1968.3	柴灣道 / 環翠道小園地	0.007	1977
皇龍道休憩處	0.008	1968.9	筲箕灣道街市大廈休 憩處	0.02	1978.4
愛秩序街遊樂場	0.04	1969.8			
北角街市兒童遊樂場	0.15	1969.12	成安村休憩處	0.16	1978.7
工廠街遊樂場	0.13	1970.2	電照街遊樂場	0.12	1978.11
筲箕灣遊樂場	0.07	1970.9	柴灣總站休息花園	0.17	1979.9
柴灣公園	2.33	1970.9	芬尼街休憩處	0.02	1980.4
北角配水庫遊樂場	0.34	1971.11	新廈街休憩處	0.05	1980.5
興華街休憩花園	0.02	1972.2	柴灣池畔花園	1.16	1980.5
筲箕灣街市天台兒童 公園	0.06	1972.2	英皇道小園地	0.01	1980.6
			寶馬山道休憩處	0.04	1980.12
筲箕灣配水庫上遊樂場	0.81	1972.11	百福道遊樂場	0.09	1982.7
筲箕灣道休憩公園	0.03	1972.9	淺水灣頭村休憩公園	0.32	1982.12
天后廟道花園	4.69	1972.12	屈臣道休憩公園	0.10	1983.6
巴色道遊樂場	0.28	1973.6	漁灣村休憩處	0.10	1983.5
銅鑼灣海濱公園	0.23	1981.11	愛秩序台休憩處	0.001	1983.6
摩頓台遊樂場	0.18	1973.9	清華街休憩處	0.01	1983.12
柴灣 1 號休憩公園	0.10	1974	環翠道小園地	0.01	1984.3
柴灣 2 號休憩公園	0.04	1974	康福台休憩處	0.007	1984.4
柴灣 3 號休憩公園	0.09	1974	馬山村休憩處	0.005	1984.5
柴灣 4 號休憩公園	0.13	1974	柴灣道 1# 休憩處	0.118	1985.8
柴灣 5 號休憩公園	0.23	1974	柴灣道 2# 休憩處	0.047	1985.8
淺水灣村遊樂場	0.04	1975.12	和富花園	0.52	1985.9
鳥山村遊樂場	0.02	1976.11	鰂魚涌公園	19.46	—

公園名稱	面積 (hm²)	始建年月
杏花邨遊樂場	1.05	1990.3
賽西湖公園	2.5	1986.7
鯉魚門公園	19.46	—

（四）南區

公園名稱	面積 (hm²)	始建年月
赤柱正灘海濱	6.07	戰前
龜背灣海濱	1.44	戰前
石澳海濱	6.47	戰前
石澳後灣海濱	2.43	戰前
大浪灣海濱	1.22	戰前
深水灣海濱	7.77	戰前
淺水灣海濱	12.54	戰前
中灣海濱	4.86	戰前
南灣海濱	5.26	戰前
淺水灣花園	0.53	1958.11
聖士提反海灘	1.29	1959.4
夏萍灣	0.24	1959.4
春坎角海灘	2.23	1959.5
田灣兒童遊樂場	0.04	1959.12
鴨脷洲兒童遊樂場	0.32	1960.5
赤柱兒童遊樂場	0.16	1960.6
赫蘭道／淺水灣道花園	0.04	1961.6
淺水灣道／香島道花園	0.01	1961.3
佳美道小園地	0.14	1961.5

公園名稱	面積 (hm²)	始建年月
赤柱村道花園	0.28	1961.5
赤柱村灘道小園地	0.004	1961.5
南灣道花園	0.12	1963.9
沙宣道休憩花園	0.08	1963.9
春坎角花園	38.44	1966.3
田灣村 3# 遊樂場	0.13	1966.9
田灣街市天台兒童遊樂場	0.13	1966.9
石排灣村 1# 遊樂場	0.29	1967.10
黃麻角道遊樂場	0.08	1968.11
南灣道小園地	0.10	1981.6
銅線灣遊樂場	0.06	1969.6
石澳村休憩處	0.01	1971.2
淺水灣道小園地	0.14	1975.11
瀑布灣公園	3.74	1976.6
赤柱新街／赤柱村道休憩處	0.04	—
石澳道眺望處	0.10	1977.4
春坎角道小園地	0.007	1977
赤柱峽道／赤柱村道小園地	0.02	1977
南灣道休憩花園	0.04	1977.11
南風道休憩花園	0.21	1977.12
香港仔舊大街休憩花園	0.04	1979.6
淺水灣道小園地	0.02	1979.4
南朗山道休憩處	0.07	1980.6
黃竹杭巴士總站小園地	0.001	1981
南風道小園地	0.09	1982.7
鴨脷洲橋道遊樂場	0.37	1982.11
大石角休憩花園	0.03	1983.6

公園名稱	面積 (hm²)	始建年月
香港仔海傍休息處	0.048	1983.6
香葉道休憩處	0.14	1983.3
石澳村兒童遊樂場	0.19	1984.4
香港仔大道／鴨脷洲 大橋	0.30	1984.4
鴨脷洲大橋北兒童遊 樂場	0.14	1985.3
赤柱灣道兒童遊樂場	0.058	1985.11
淺水灣兒童遊樂場	0.14	1986.2
香港仔海傍公園	0.95	1989.12

（五）油麻地（尖旺區）

公園名稱	面積 (hm²)	始建年月
中間道兒童遊樂場	0.41	戰前
覺士道兒童遊樂場	0.16	戰前
佐治五世紀念公園	1.4	1954.3
加士居道／彌敦道休 憩處	0.32	1958.6
窩打老道／衛理道花園	0.02	1959.6
中間道休憩處	0.03	1959.10
眾坊街兒童遊樂場	0.12	1960.3
佐治里花園	0.10	1960.3
彌敦道小園地	0.20	1961.6
衛理道小園地	0.06	1961.8
京士柏道／彌敦道休 憩處	0.20	1965.8

公園名稱	面積 (hm²)	始建年月
漆咸道兒童遊樂場	1.01	1966.8
漆咸道中分界島	0.22	1968.4
文英街休憩處	0.01	1968.10
眾坊街／甘肅街休憩 花園	0.07	1969.11
油麻地社區中心休憩 花園	0.18	1970.6
九龍公園	11.79	1970.2
九龍公園蓮園	0.93	1979.4
九龍金園百鳥苑	0.09	1980.3
眾坊街／石壁道休憩處	0.01	1970.10
公主道花園	0.20	1970
訊號山花園	1.00	1974.5
彌敦道長形草坪	0.12	1975.5
梳士巴利道延長小園地	1.75	1978.4
甘肅街小園地	0.65	1978.11
北京道休憩處	0.07	1978.12
渡船街休憩花園	0.33	1978.12
九龍公園徑休憩花園	0.07	1979.2
海底隧道迴旋處	0.08	1979.8
東安街休憩花園	0.06	1979.10
渡船街遊樂場	0.17	1979.10
咸美頓道休憩花園	0.02	1980.6
砵蘭街休憩花園	0.04	1980.6
梳士巴利道／康莊道小 園地	0.02	1980.9
暢遠道／康莊道小園地	0.41	1980.9
澄平街遊樂場	0.03	1980.11
西貢街遊樂場	0.386	1981.4
佐敦道碼頭廣場園地	0.19	1981.5

公園名稱	面積 (hm²)	始建年月
上海街 / 登打士街休憩處	0.17	1981.11
窩打老道 / 衛理道小園地	0.01	1981.12
文明里休憩公園	0.03	1982.3
上海街 / 登打士街休憩處	0.037	1982.5
尖沙咀海濱公園	1.50	1982.6
登打士街休憩處	0.11	1983.9
京士柏道休憩花園	3.60	1984.6
廣東道遊樂場	0.075	1984.11
康達徑花園	0.28	1984.6
永安廣場花園	0.81	1984.4
市政局百周年紀念花園	2.90	1983.12
九龍公園兒童遊樂場	0.47	1985.4
文昌街休憩花園	0.024	1985.7
偉智街遊樂場	0.46	1984.7
文昌街公園	0.3	1987.6
廟街 / 甘肅街休憩花園	0.16	1976.9
登打士街休憩花園	0.2	1980
公眾四方街兒童遊樂場	0.5	1980
尖沙咀海濱花園	1.5	1982.6
梳士巴利道花園	0.15	1989.12

（六）旺角（油尖旺區）

公園名稱	面積 (hm²)	始建年月
柳樹街遊樂場	0.71	1957.7
洗衣街兒童遊樂場	0.04	1958.4
荔枝角道 / 廣東道花園	0.04	1959.9
水渠道休憩處	0.01	1959.10
太子道 / 水渠道花園	0.06	1959.10
塘尾道遊樂場	0.24	1959.9
麥花臣道遊樂場	0.71	1959.10
六角咀道 / 楓樹街花園	0.02	1962.11
花園街休憩花園	0.11	1963.8
園圃街 / 太子道休憩花園	0.03	1965.3
雅蘭街休憩處	0.02	1967.8
染布街路邊小園地	0.04	1969.8
晏架街遊樂場	0.81	1971.4
櫻桃街遊樂場	0.09	1976.4
界限街休憩花園	0.03	1976.7
洗衣街小園地	0.06	1976.8
旺角街市兒童遊樂場	0.08	1976.10
海景街休憩處	0.01	1978.7
富貴街休憩處	0.01	1978.7
山東街休憩處	0.03	1980.3
大角咀道 / 洋松街休憩處	0.04	1980.9
砵蘭街休憩處	0.03	1980.12
廣東道 / 奶路臣街休憩處	0.01	1981.2
新填地街休憩處	0.01	1981.2
塘尾街休憩處	0.068	1981.6
詩歌舞街遊樂場	0.13	1981.9

公園名稱	面積 (hm²)	始建年月
德昌街遊樂場	0.07	1982.3
長沙街休憩處	0.02	1982.3
大角咀碼頭廣場小園地	0.20	1982.6
地士道街休憩花園	0.21	1983.3
彌敦道／荔枝角道大橋下	0.03	—

（七）深水埗區

公園名稱	面積 (hm²)	始建年月
大坑東街1號遊樂場	0.47	1957.7
楓樹街遊樂場	0.95	1957.7
欽洲街遊樂場	0.20	1957.7
李鄭屋村1號遊樂場	0.51	1958.6
福榮街休憩花園	0.01	1959.8
福華街休憩花園	0.01	1959.8
大埔道／青山道休憩花園	0.20	1959.8
南昌街休憩花園	0.01	1959.8
大埔道／白田街遊樂場	0.20	1960.3
大坑東村2號遊樂場	0.24	1960.12
李鄭屋公園	0.19	1961.11
花墟遊樂場	3.80	1962.6
保安街遊樂場	0.80	1962.8
玉蘭路休憩花園	0.03	1962.12
丹桂路休憩花園	0.16	1962.12

公園名稱	面積 (hm²)	始建年月
大埔道小園地	0.02	1963.2
龍翔道／大埔道花園	0.07	1963.12
龍翔道小園地	0.16	1964.4
琵琶山休憩花園	0.22	1965.10
上李鄭屋花園	1.72	1966.9
石峽尾中央遊樂場	0.36	1966.12
長沙灣道／白楊街小園地	0.03	1967.11
白楊街兒童遊樂場	0.16	1967.4
大埔道小園地	0.20	1968.5
青山道／呈祥道小園地	0.28	1969.2
廣利道遊樂場	0.10	1969.2
石硤尾下邨7號遊樂場	0.02	1969.6
元洲街邨2號遊樂場	0.22	1970.2
大坑西街休憩處	0.01	1970.12
長沙灣遊樂場	1.82	1971.7
大坑東遊樂場	4.70	1971.10
石硤尾配水庫上遊樂場	3.43	1972.5
桃源街遊樂場	0.03	1972.5
荔枝角道／歌和老街小園地	0.28	1974.5
荔枝角道／南昌街休憩處	0.03	1974.9
荔枝角道迴旋處	0.20	1974.12
龍翔道眺望處	0.31	1976.6
琵琶山迴旋處	0.69	1976.9
荔枝角花園	0.48	1976.10
南昌街／龍翔龍迴旋處	0.30	1977.3
呈祥道小園地	0.58	1977.6
白田休憩處	0.05	1979.2

公園名稱	面積 (hm²)	始建年月
幸福街遊樂場	0.65	1979.4
雀橋街休憩處	0.09	1981.9
青山道休憩處	0.13	1981.11
青山道／呈祥道休憩花園	0.14	1981.11
石硤尾公園	7.50/3.96	1981.12
石硤尾休憩花園	0.66	1981.12
長沙灣道／長順街游樂場	0.29	1982.3
龍翔街西行線小園地	0.07	1982.5
順寧道遊樂場	0.25	1983.6
美孚總站小園地	0.035	1983.9
深水埗公園	2.15	1983.11
深水埗公園休憩處	0.10	1989.12
美孚綠化緩衝區	10.00	1997.1
荔枝角道／大南街休憩處	0.1	1987.8
嶺南之風	1.25	2000

（八）九龍城區

公園名稱	面積 (hm²)	始建年月
雅息士道休憩花園	0.20	戰前
多實街休憩花園	0.10	戰前
律倫街兒童遊樂場	0.71	戰前
太平道遊樂場	0.04	1957.7

公園名稱	面積 (hm²)	始建年月
窩打老道／亞皆老街小園地	0.69	1957.9
歌和老街兒童遊樂場	0.53	1959.5
亞皆老街遊樂場	0.81	1959.8
農圃道休息處	0.04	1959.8
馬頭圍道／馬坑涌道休憩花園	0.06	1959.8
漆咸道／溫思芬街休憩處	0.16	1959.10
加多利道小園地	0.04	1959.10
宋王臺花園	0.32	1959.10
拔萃書院道花園	0.03	1960.2
佛光街2號花園	0.02	1960.2
佛光街2號休憩處	0.02	1960.2
差館里小園地	0.01	1960.3
機利士道小園地	0.01	1960.7
巴富街小園地	0.01	1960.7
紅磡邨遊樂場	0.20	1961.2
馬頭圍道／大環道休憩處	0.02	1962.3
紅磡渡輪碼頭小園地	0.08	1962.5
露明道花園	0.03	1962.8
馬頭圍道配水庫遊樂場	0.81	1962.8
延文禮士道花園	0.24	1963.4
宋王臺遊樂場	0.81	1963.7
口山道遊樂場	0.28	1963.9
牛津道遊樂場	0.81	1963.11
根德道花園	0.85	1963.12
九龍仔公園	14.97	1964.6
馬頭圍道／新山道花園	0.04	1964.8

公園名稱	面積 (hm²)	始建年月	公園名稱	面積 (hm²)	始建年月
天光道遊樂場	0.57	1964.9	馬頭圍道／土瓜灣道花園	0.45	1972.8
九龍城渡輪碼頭廣場園地	0.12	1964.10	廣播道遊樂場	0.26	1972.10
樂富公園	19.22	1964.11	佛光街遊樂場	0.69	1973.9
龍翔道遊樂場	0.32	1964.12	樂富配水庫上休憩花園	0.77	1973.3
馬頭圍道／上鄉道花園	0.02	1965.2	靠背壟道遊樂場	1.07	1973.6
大環道遊樂場	0.08	1965.6	太子道路邊小園地	0.06	1973.6
窩打老道小園地	0.20	1965.8	海底隧道小園地	4.45	1973.7
仁楓街休憩花園	0.20	1966.10	窩打老道／龍翔道小園地	0.10	1974.9
慕孔道兒童遊樂場	0.12	1965.10	歌和老街／文德道花園	0.04	1976.11
佛光街 1 號花園	0.81	1966.11	大環山公園	0.97	1977.5
青洲街遊樂場	0.24	1966.11	常和道休憩處	0.03	1977.5
北拱街花園	0.01	1967.10	打鼓嶺道休憩花園	0.13	1977.7
馬頭圍道遊樂場	0.65	1967.10	賈炳達道休憩花園	0.06	1977.11
公主道兒童遊樂場	0.03	1968.6	何文田山道休憩花園	0.15	1978.6
培正道兒童遊樂場	0.61	1968.2	東正道休憩處	0.02	1978.6
天光道休憩處	0.17	1968.4	東聯遊樂場	0.04	1978.3
□□街休憩處	0.06	1968.4	常盛街公園	1.23	1978.9
差館里路邊休憩處	0.03	1969.5	培正道休憩花園	0.65	1978.11
龍翔道公園	1.62	1969.11	西頭村遊樂場	0.33	1978.12
文福道花園	0.33	1969.12	石鼓壟道休憩花園	0.08	1979.10
公主道／培正道小園地	0.36	1970.5	鶴園街遊樂場	0.08	1979.10
馬頭圍道／新柳街休憩處	0.04	1971.2	東寶庭道遊樂場	0.10	1979.10
窩打老道分界島小園地	0.49	1971.5	義德道遊樂場	0.15	1980.10
新何文田配水庫遊樂場	0.50	1971.12	景雲街遊樂場	0.49	1981.5
海心公園	1.85	1972.2	衙前圍道休息處	0.01	1981.8
世運公園	0.85	1972.5	京士柏配水庫遊樂場	1.53	1981.9
東何文田配水庫遊樂場	2.99	1972.6	廣播道花園	0.51	1981.11
			金城道清潔站休憩處	0.01	1981.12

公園名稱	面積 (hm²)	始建年月
公主道分界島小園地	0.02	1982.9
九龍城道天橋休憩處	0.04	1982.10
貴州街／旭日街休憩處	0.08	1983.10
高山道公園	5.5	1983.10
金城道休憩公園	0.17	1983.4
聯合道公園	3.40	1983.10
土瓜灣市政大廈遊樂場	0.12	1984.5
德民街小園地	0.03	1985.3
賈炳達道公園	5.90	1985.12
和黃公園	2.0	1991.10
歌和老街公園	2.6	—
寨城公園	3.0	1985.12

（九）黃大仙區

公園名稱	面積 (hm²)	始建年月
樂富遊樂場	0.28	1961.2
彩虹道遊樂場	2.14	1964.3
侯王廟休憩花園	0.04	1964.9
東頭村休憩花園	0.04	1964.9
東頭村 2 號遊樂場	0.49	1965.11
新蒲崗休憩處	10.12	1966.5
三祝街休憩處	0.004	1967.2
慈雲山邨配水庫遊樂場	1.42	1967.7
摩士公園	17.86	1967.8
東頭邨 4 號遊樂場	0.14	1967.10

公園名稱	面積 (hm²)	始建年月
彩虹村巴士總站休憩處	0.13	1967
崇齡街遊樂場	0.14	1968.5
康強街休憩花園	0.09	1968.5
景福街休憩處	0.12	1968.5
慈雲山巴士總站休憩處	0.07	1968.11
彩虹道迴旋處	0.07	1968
仁愛街遊樂場	0.24	1969.5
慈雲山道休憩處	0.24	1969.8
慈雲山道遊樂場	2.28	1970.5
東啟德遊樂場	1.52	1971.10
黃大仙配水庫遊樂場	1.01	1971.10
清水灣道路中草坪	0.20	1971
新蒲崗天橋休憩花園	0.89	1972.12
沙田坳道／龍翔道遊 樂場	0.17	1972
環鳳街休憩處	0.04	1972
橫頭磡邨 3 號遊樂場	0.73	1973.4
黃大仙街市天台兒童遊 樂場	0.36	1973.5
東利道遊樂場	0.50	1973.10
橫頭邨巴士總站休憩處	0.02	1974.3
黃大仙上邨休憩公園	0.48	1974.3
東頭邨休憩處	0.008	1975.2
東頭邨小園地	0.01	1975.2
彩虹道天橋休息公園	0.15	1976.6
斧山道小園地	0.027	1977.5
蒲崗村天橋休憩公園	1.86	1977.7
樂華街遊樂場	0.58	1977.9
飛鳳街休憩處	0.07	1979.2
彩虹道休憩花園	0.19	1979.2

公園名稱	面積 (hm²)	始建年月
衍慶街遊樂場	0.21	1979.7
鳳舞街迴旋處小園地	0.64	1980.4
景福街遊樂場	0.56	1980.11
獅子山道迴旋處小園地	0.132	1981.3
蒲崗村道遊樂場	0.52	1981.7
樂善道 / 賈炳達道休憩處	0.032	1981.9
下元嶺山園地	0.028	1982.8
牛池灣村遊樂場	0.22	1983.9
金鳳街休憩處	0.052	1984.6
石鼓壟道游樂場	1.35	1985.4
沙田坳道遊樂場	0.54	1985.9
鳳德公園	1.1	1995
龍翔道 / 斧山道公園	0.93	1994.7
樂富遊樂場	1.4	—

（十）觀塘區

公園名稱	面積 (hm²)	始建年月
恒安街公園	0.06	1962.7
翠屏道邨 1 號遊樂場	0.40	1963.7
翠屏道邨 6 號遊樂場	0.32	1963.7
觀塘道路中草坪	1.62	1964.6
仁愛圍花園	0.08	1965.10
康寧道 1 號 2 號花園	0.08	1966.3
觀塘道休憩花園	0.28	1966.3

公園名稱	面積 (hm²)	始建年月
康守道休憩花園	0.02	1966.3
康寧道兒童遊樂場	0.06	1968.5
月華街遊樂場	1.42	1968.6
協和街 / 物華街兒童遊樂場	0.06	1968.6
裕民坊休憩花園	0.19	1968.7
協和街休憩花園	0.09	1968.7
同仁街 / 協和街小園地	0.02	1968.7
物華街 / 協和街小園地	0.01	1968.7
秀茂坪 II 期 1 號遊樂場	0.80	1968.7
秀茂坪 II 期 3 號遊樂場	0.11	1968.11
藍田配水庫遊樂場	0.81	1969.11
牛頭角下邨 2 號遊樂場	0.22	1969.3
牛頭角下邨 8 號遊樂場	0.51	1970.2
藍田邨 1 期 11 號遊樂場	0.34	1970.2
秀茂坪 II 期 15 號遊樂場	0.26	1970.2
觀塘碼頭廣場小園地	0.50	1970.2
觀塘道迴旋處	0.05	1970
觀塘道休憩處	0.22	1971.6
觀塘遊樂場	2.88	1971.6
偉業街 / 開源道迴旋處	0.45	1971.4
牛頭角道遊樂場	0.58	1971.9
秀茂坪 II 期 23 號遊樂場	0.85	1972.2
振華道遊樂場	0.08	1972.10
福華街遊樂場	1.31	1973.4

公園名稱	面積 (hm²)	始建年月	公園名稱	面積 (hm²)	始建年月
雅麗道花園	0.11	1973.6	福塘道小園地	0.03	1982.5
駿業街遊樂場	0.97	1973.8	定福街休憩處	0.06	1982.6
觀塘道 / 協和街休憩花園	0.137	1973.11	秀茂坪巴士總站小園地	0.01	1982.6
藍田邨 II 期 6 號遊樂場	0.47	1973.12	鯉魚門遊樂場	0.06	1982.7
定裕坊休憩處	0.07	1973.12	順利村道眺望處	0.17	1982.9
油塘配水庫遊樂場	0.59	1976.2	曉光街遊樂場	0.19	1982.9
雲漢街休憩花園	0.02	1976.3	觀塘道地鐵站小園地	0.01	1982
雲漢街 / 協和街休憩花園	0.04	1976.3	順利邨小園地	0.08	1982
秀茂坪紀念花園	0.20	1986.2	月華街巴士總站小園地	0.12	1982
康寧道遊樂場	2.02	1976.3	海濱花園防波堤休憩處	0.003	1982
安德道休憩花園	0.61	1976.6	曉光街公園	0.62	1982.10
鯉魚門道休憩花園	0.14	1977.2	繁華街休憩處	0.02	1982.10
牛頭角道 / 安定街小園地	0.01	1978.11	坪石路旁小園地	0.03	1983.6
秀茂坪道 / 曉光街休憩處	0.26	1978.8	藍田巴士總站休憩處	0.04	1983.6
康利道休憩花園	0.11	1979.5	勵業街休憩處	0.01	1983.9
鯉魚門道遊樂場	0.48	1979.11	順利邨道遊樂場	2.60	1983.8
功樂道小園地	0.01	1979.12	大業街休憩處	0.18	1983.11
曉明街遊樂場	2.50	1981.8	秀雅道遊樂場	2.513	1984.5
三家村避風塘防波堤	0.20	1981.10	牛角道天台休憩花園	0.17	1984.9
偉業街 / 勵業街小園地	0.02	1981.11	油塘遊樂場	0.78	1984.11
茶果嶺村遊樂場	0.08	1982.2	高超道休憩花園	0.25	1985.2
油塘中心休憩公園	0.14	1982.2	藍田公園	6.0	1991
海濱道休憩處	0.09	1982.2	觀塘海濱花園	—	—
偉業街休憩處	0.05	1982.2			
安定街小園地	0.006	1982.3			

後記

　　這本前所未有的《香港園林史稿》終於脫稿了，它是我在病中陸陸續續拖延了五六年時間才完成的。自覺這本書達不到"史書"的程度，幸有香港三聯書店的盛意，應允改為"史稿"，這才較為合適地以之付印。本書拋磚引玉，希望有後來者能更全面、深刻地寫出正式的《香港園林史》。

　　我來香港定居已有卅餘年，跑遍了港九地區的大小園林，並曾以《香港園林》和《香港寺觀園林景觀》兩書作為拓荒之作。長期以來我也在搜集香港園林的資料，並努力學習、研究，但要將這些資料的查找、整理、統計並加以思考研究，將它寫成史書，對我這個已年過九旬的老人來說，還是相當吃力的。但是，為了往日的承諾，我還是克服了許多困難，勉強完成了這份初稿，為後繼者留下我所經歷的一點感想和資料，也就算是完成了自己的一點心願吧！

　　這本書稿的出版，首先要感謝黃天先生對我的信任與推薦，然後要感謝本書的責編、香港三聯書店的編輯，也是我中山大學的小學弟李斌先生在文字整理工作上的協助，以及對我一再拖延交稿時間的耐心與諒解。另外，還要感謝吳冠曼小姐在調研、攝影方面的工作支援。

　　我還要感謝我的同行老友張寅山、余煥嬋伉儷高級工程師的大力支援和補充；感謝我去調研和索取資料時有關政府部門的工作人員和朋友鄧玉瓊、魏遠娥兩位小姐的大力支援與關懷。還有趙紀軍博士、何德明工程師、深圳大學劉爾明教授以及北京大學何綠萍教授的建築圖繪製，陪同調研。當然，還有家人的隨時陪同調研、攝影及其他瑣碎的抄寫打印等工作，沒有他們的支援、關懷與協助是很難完成的。因此，這本書稿是一份集體完成的成果，不過是由我整理而已，由於體力、精力及水平所限，錯漏之處竭誠歡迎讀者批評教正為感。

作者簡介

　　朱鈞珍　原籍湖南省寧鄉縣，1929 年出生於湖南省長沙市。曾就讀於長沙周南女中、廣州中山大學文學院哲學系、北京農業大學園藝系，1951 年轉入清華大學建築系。1953 年畢業後，任清華大學建築系助教；1957 年調任中國建築科學院助理研究員及北京市環境保護科學研究所工程師；1979 年調回清華大學建築系任副教授、教授；1986 年定居香港，先後在香港大學建築系、香港中文大學校外進修學院任教。現任清華大學建築學院景觀研究所資深教授，為中國風景園林學會首批會員，曾任理事、名譽理事、學術委員、顧問等職。2015 年獲中國風景園林學會所頒"終身成就獎"。中國老攝影家協會會員，其攝影作品已入選《中國攝影家全集》，並曾多次獲獎。

　　一直從事園林綠化的科研、教學及規劃設計工作，曾主持或參與桂林、濟南、遵義、杭州、鄭州、洛陽、章丘等城市的綠地系統、風景區、公園以及居住區的園林規劃設計和調查研究工作。1978 至 1987 年任《中國大百科全書》的"建築・園林・城市規劃"卷的園林分支學科的副主編。1995 至 1996 年間，應香港政府建築署之邀，任九龍寨城公園的植物配置顧問，以及香港高衛物業管理公司的屋邨的綠化顧問等。2014 年起負責主編《中國近代園林史》（上、下篇已出版）。

　　主要著作有《綠化建設》（合譯俄文）、《街坊綠化》、《國外城市公害及其防治》（合著）、《北京西郊環境質量評價研究》（合著）、《居住區綠化》、《杭州園林植物配置》（合著）、《賞花的藝術》、《香港園林》、*Chinese Landscape Gardening*、《園林理水藝術》、《中國近代園林史》等。

責任編輯　李　斌

設　　計　吳冠曼

書　　名	香港園林史稿
著　　者	朱鈞珍
出　　版	三聯書店（香港）有限公司
	香港北角英皇道 499 號北角工業大廈 20 樓
	Joint Publishing (H.K.) Co., Ltd.
	20/F., North Point Industrial Building,
	499 King's Road, North Point, Hong Kong
香港發行	香港聯合書刊物流有限公司
	香港新界大埔汀麗路 36 號 3 字樓
印　　刷	美雅印刷製本有限公司
	香港九龍觀塘榮業街 6 號 4 樓 A 室
版　　次	2019 年 7 月香港第一版第一次印刷
規　　格	16 開（170 × 240 mm）304 面
國際書號	ISBN 978-962-04-4465-4